KB056157

혼자 가본
장항선 장터길

4

혼자 가본
장항선 장터길

글 · 사진

정영신

눈빛

정영신은 전남 함평 출생으로, 37년째 우리나라에서 열리는 오일장을 모두 기록한 장돌뱅이 사진가이자 소설가이다. 농촌에서 태어나 지금도 여전히 촌사람이라는 그는 장에 가면 두고온 고향을 만나는 것처럼 푸근한 정(情)을 느낀다고 한다. 아직도 장터는 살아 있는 삶의 현장이라고 믿는 여행자이자 기록자로서, 특히 농촌 마을에 들어가 생산자이자 판매자인 어머니들의 삶에 관한 구술채록과 사진작업을 이어가고 있다. 이와 함께 장터 주변 지역문화유산을 찾아 사진과 글로 기록하고 있다. 오일장에 관한 개인전을 10여 차례 열었으며, 저서로는 『어머니의 땅』(2021, 눈빛), 『장에 가자-시골장터에서 문화유산으로』(2020, 이숲), 『정영신의 장터 이야기 3』(2019, 라모레터 e북), 『정영신의 장터 이야기 2』(2019, 라모레터 e북), 『정영신의 장터 이야기 1』(2019, 라모레터 e북), 『장날』(2016, 눈빛), 『정영신의 전국 5일장 순례기』(2015, 눈빛), 『한국의 장터』(2012, 눈빛), 『시골장터 이야기』(2002, 진선출판사) 등의 사진집과 저서를 출간했다.

혼자 가본 장항선 장터길

글 · 사진 정영신

초판 1쇄 발행일 - 2023년 8월 20일

발행인 - 이규상

편집인 - 안미숙

발행처 - 눈빛출판사

서울시 마포구 월드컵북로 361 14층 105호

전화 336-2167 팩스 324-8273

등록번호 - 제1-839호

등록일 - 1988년 11월 16일

편집 진행 - Lee Dah

인쇄 - 예림인쇄

제책 - 일진제책

값 25,000원

Noonbit Publishing Co., Seoul, Korea

ISBN 978-89-7409-996-1 03980

서문

내 여행지는 언제나 장터다. 늘 비슷한 장터지만 장소가 다르고, 사람이 다르고, 땅이 다르고, 바람이 다르고, 물이 다르고, 공기가 다르고, 내가 느끼는 오감이 다르다. 난 혼자 떠나는 여행을 즐기는 편이다. 장항선 느린 기차를 타고 오일장과 그 지역 주변에 있는 유적지를 찾아 길 위에 시간을 부린다. 누구나 한번쯤 모든 것을 뒤로하고 어디론가 훌쩍 떠나고 싶은 마음이 있다. 그러나 혼자 여행하는 것이 낯설고, 같이 갈 사람이 없어 망설이고, 바쁘다는 핑계로 포기하고 만다. 혼자 하는 여행은 부산스럽지 않아 좋다. 배낭에 카메라와 시집 한 권, 수첩과 필기도구, 생수 한 병 넣으면 준비 끝이다. 딱 하루만 실행해보라. 여행하면서 예상치 못한 사람을 만나고, 그 지역의 관심 있는 유적지를 찾아다니다 보면, 몰랐던 문화를 깨우치게 된다. 그 지역만의 맛있는 음식은 덤이다. 그리고 한 번의 여행만으로도 자신이 많이 달라져 있다는 사실을 느끼게 될 것이다.

극작가이자 소설가인 막스 프리쉬는 우리는 왜 여행을 하는가 묻고 있다. 그는 "우리를 알지 못하는 사람들과 우연히 마주치기 위해서, 삶에서 무엇을 할 수 있는지 다시 한 번 경험하기 위해서 여행을 떠난다"고 했다. 인간은 왜 자연을 구경할까. 휴가철이면 막히는 도로를 뚫고 산과 바다, 계곡을 왜 찾아갈까. 그런데 여행을 떠난 사람은 소소한 자연과 사물에는 관심이 없어 보인다. 그저 경치 좋은 곳을 찾아 사진찍기에 바쁘다. 마치 동물원에 가서 동물을 구경하듯 자연을 구경하고, 음식을 먹고, 사진을 남기기 위해 떠나는 것 같다. 자연은 눈으로 보는 것이 아니라 온몸으로 느껴야 한다.

장터의 매력은 무엇이고, 기차여행의 매력은 무엇일까. 단연코 '설렘'이다. 우연히 누군가를 만난다는 설렘, 낯선 곳으로 떠나는 설렘에 덜컹거리는 바퀴와 레일의 삐걱거리는 소음마저 음악으로 들린다. 어렸을 적 친구는 명절 때가 되면 긴 줄을 서서 열차표를 예매하고 나면 세상을 다 가진 듯 좋아하며 자랑했었다. 달뜬 목소리에서 친구는 이미 고향에

판교역 부근 터널, 2023

청소역, 2023

가 있다는 것을 알 수 있었다.

장항선 작업은 순전히 나만을 위한 여행이었다. 코로나로 인해 모두가 지쳐 있는 상황에서 메타버스(가상현실 플렛폼)가 등장하고, 인공지능(AI) 챗GTP가 등장함으로써 삶의 일부분을 인공사회가 보여주는 스크린 안에서 살고 있다는 사실이 몹시 불편했다. 문득 스마트폰도 내가 사용하는 것이 아니라 사용당하고 있다는 생각이 들었다. 그래서 하루만이라도 스마트폰을 잠그고, 내게 집중하는 시간을 갖기 위해 배낭을 챙겨 떠났다. 2년여 동안 일주일에 두어 번 장항선 기차를 타고 다니면서 빠르게 변화하는 세상에 장터가 어떻게 변해가는지 기록했다.

천안역에서 장항역까지 스물한 곳에서 오일장이 열린다. 천안역에는 거봉 포도로 유명한 '입장장', 미술관을 품은 '성환장', 독립운동의 텃밭인 '아우내장'이 있다. 온양온천역에는 왕가의 휴양지였던 '온양온천장'과 싸전으로 유명했던 '아산 둔포장', 예산역에는 국밥과 국수와 국화가 어우러진 '예산장', 예당호 출렁다리를 자랑하는 '역전장', 보부상의 역사가 살아 있는 '덕산장', 홍주의병의 발원지 '광시장', 농민이 주인인 '고덕장', 삽교역에는 곱창으로 유명한 '예산 삽교장'이 있다. 홍성역에는 홍주성 천년 여행길을 만나는 '홍성장'과 김좌진 장군의 흔적이 숨 쉬는 '갈산장', 광천역에는 토굴 새우젓으로 유명한 '홍성 광천장'이 있고, 대천역에는 보령 머드축제로 세계인을 끌어들이는 '보령 대천장', 웅천역에는 남포 오석으로 유명한 '보령 웅천장'이 있다. 판교역에는 시간이 멈춘 마을과 함께 하는 '서천 판교장', 서천역에는 물건보다 사람이 중심인 '서천장', 모시의 본고장인 '한산장', 동백꽃이 필 무렵이면 서해의 봄이 시작되는 '비인장'이 있고, 장항역에는 장항의 상징적 기억으로 우뚝선 제련소 굴뚝이 있는 '서천 장항장'이 있다.

위에 열거한 장터는 모두 충청남도 내포 지역에 집중돼 있다. 내포문화를 자랑하는 충청도 특유의 느린 말과 장항선 기차의 느림이 닮아 있다. 충청남도는 칠백 년에 걸친 백제문화의 요람지로 나라를 사랑하는 사람이 많이 나온 고장이다. 최영 장군, 이순신 장군을 비롯하여 김좌진, 만해 한용운, 윤봉길 의사, 유관순 열사 등이 이곳 출신이다. 충청도 사람들을 가리켜 '충청도 양반'으로 불리는 것은 화합과 중용이 이곳 전통적인 성품과 잘 맞기 때문이다. 장항선역을 끼고 있는 장터 또한 후덕한 인정이 넘친다. 손에 밤을 쥐어주는 할매를 비롯해 포도송이를 싸주는 아재, 금방 따와 단물이 흘러내리는 홍시를 건네주

장항선 기차 차창으로 내다본 풍경, 2023

는 어매, 갯가에서 금방 따온 굴을 맛보라는 아짐, 밭에서 금방 뜯어왔다며 부추를 한 움큼 담아주며 "내 목좀 봐유. 사람 기다리다 사슴 모가지 되것시유"라며 지나가는 바람까지 잡아채던 할매의 웃음소리가 지금도 귓가에 맴돈다.

난 지금도 느림보 거북이처럼 느리게 사는 삶을 지향한다. 그래서 시골장터를 좋아한다. 시골장터에 가면 세상이 멈춘 듯, 사람과 사람이 교류하면서 천원짜리 골무 하나 사기 위해 장안을 돌아다니며 단골집을 찾아가 정을 주고받는다. 코로나 이후 사람이 중심인 장터에 사람이 없다. 철 지난 바닷가처럼 장터 주변이 쓸쓸하다. 장터는 현대의 급속한 변화 속에 갈수록 설 자리를 잃어가고 있다. 전통을 계승하고, 일자리가 창출되고, 지역경제의 밑거름이 되는 장터를 만들 수 있는 방법이 없을까. 장터에서 생산자와 소비자를 엮어주는 플랫폼을 만들 수 있을까. 물건을 담아주는 검정 비닐봉투 대신 친환경 봉투를 만들 수 있을까. 수없이 고민하고 생각해보지만 내 힘으론 해낼 수 있는 것이 없어 안타깝다.

요즘처럼 건조한 세상에 장터에만 가면 허 생원이 이끄는 나귀 방울 소리가 가슴속에 스며들어 힐링이 된다. 나아가 수백 수천 년을 이어온 장터는 한 폭의 풍속도다. 지역마다 지니고 있는 고유한 색깔에 민중의 체취가 녹아 있고, 치열한 삶의 현장인 동시에 풋풋한 인정이 살아 있다. 스마트 시대에 접어들어 사이버시장까지 탄생하는 현실에서 장터가 살아남으려면 지역 가치를 높일 수 있는 문화환경을 만들어야 한다. 백화점이나 대형할인점에서 볼 수 없는 지역적 특성이 강한 물건을 판매하면서 상품의 차별성을 확보하는 것도 중요하다.

1970-80년대까지 장터는 살아 있는 박물관이었다. 도서관에서 그 지역에 대한 역사, 경제와 문화를 만날 수 있지만, 책을 보고 아는 것과 자기 눈으로 직접 보고 느끼는 것은 천지 차이다.

농촌은 자연 속에서 보내는 시간이 많아 농민들이 모일 수 있는 중심지가 없었다. 반면 서양의 도시는 반드시 광장이란 중심지를 가운데 두고, 길이 사방으로 연결돼 있다. 고대 그리스에는 아고라라는 광장이 있었다. 서양 도시의 중심이 광장이듯 농민의 중심지는 장터다. 장터는 그 지역 삶의 축소판으로 한 시대를 비추는 거울이다.

장에 가면 보자기 위에 하루치 삶을 펼쳐놓은 할매와 어매가 있다. 이들 얼굴에는 삶의 무늬가 덧입혀져 봄이면 땅이 꿈틀대는 흙내음, 여름이면 소낙비가 남기고 간 초록 냄새,

기차 차창으로 내다본 가을 들판, 2022

가을이면 들녘에서 나락이 익어가는 소리, 겨울이면 소복소복 눈이 내리는 소리와 냄새가 들어 있다. 기차역도 장터와 마찬가지로 단순히 운송수단이 아닌 그 지역의 정치, 사회, 문화적인 영향력을 행사하며, 그 지역의 문화유산이자 기억이 결합된 장소다. 그런데 최근 몇 년간 코로나 때문에 기차역을 이용하는 사람들의 경험과 기억을 다 담아내지 못해 아쉽다.

장항선은 근대화를 상징하지만 일본제국의 군사적 목적과 물자 수탈을 위해 만들어졌다. 조용하고 한적한 농촌에 철길이 깔리고, 기차역을 중심으로 사람들이 모여들고, 상업시설이 들어서 오일장과 더불어 지역의 관문으로 도시와 지방을 잇는 교통수단이 됐다. 장항선은 일제강점기 때 장항선과 장항항, 장항제련소를 만들었다. 철도, 항구, 공장이 집중되어 근대산업이 집약된 곳으로, 철도가 통과하는 지역을 따라 상권이 형성되었다. 장항선은 현재 용산에서 출발하지만 천안에서 노선을 바꿔 익산까지 연결하는 노선이다. 원래는 천안역에서 옛 장항역까지 운행하다가 2008년 군산과 익산역까지 통합되었다. 5년 후, 전 구간이 복선전철화가 완료되면 느림의 상징이었던 장항선이 250킬로미터의 속도로 운행될 예정이다.

난 장터를 37년째 기록해오고 있다. 누구보다 장터의 변화를 온몸으로 느낀다. 자연이 철 따라 색으로 치장하듯, 장터도 철 따라 옷을 갈아입는다. 옛날에 보았던 풍각쟁이, 원숭이와 함께 나온 약장수의 익살스러운 농담에 환하게 웃던 사람들은 이젠 보이지 않지만, 난전을 펼친 할매들은 시간을 조각하듯 삶을 부린다. 아프리카 속담에 '노인 한 명이 죽으면 도서관 하나가 없어지는 것과 같다'는 말이 있다. 인터넷으로 생활하는 요즘, 장터에 가면 사람의 정을 느낄 수 있다. 나에게 시골장터는 아직도 살아 움직이는 박물관처럼 가슴 설렌다. 바로 장터를 놓지 못하는 이유다.

2023년 여름

정영신

차례

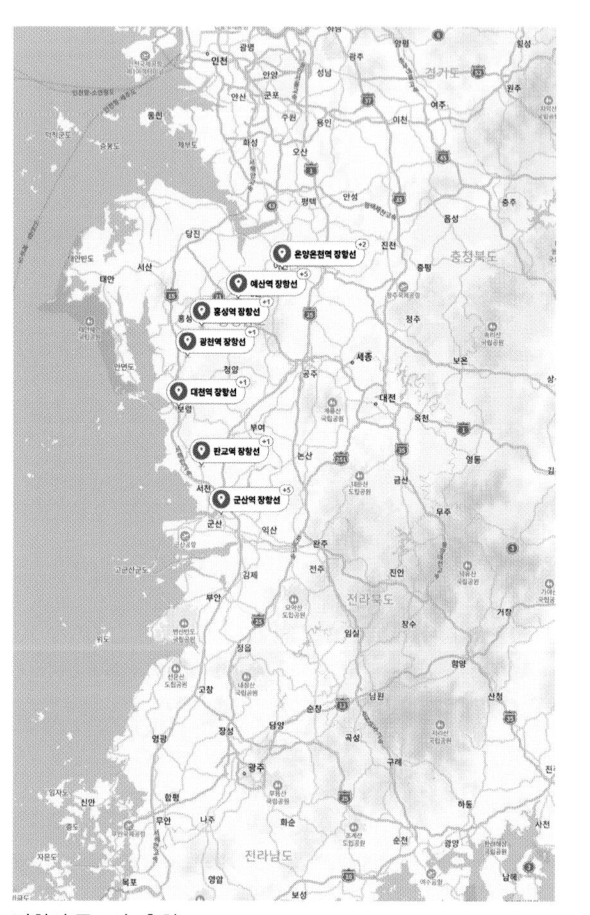

장항선 주요역. 출처: Naver Map

사물에서 흘러나오는 내밀한 풍경
-천안 입장장

내 여행의 목적지는 오일장이다. 늘 같은 오일장이지만 장소가 다르고, 사람이 다르고, 땅이 다르고, 바람이 다르고, 물이 다르고, 공기가 다르고, 내가 느끼는 오감이 다르다. 난 혼자 떠나는 여행을 즐기는 편이다. 오늘도 장항선 느린 기차를 타고 오일장을 찾아가고, 오일장 주변에 있는 유적지를 찾아 길 위에 시간을 부린다.

오늘은 서울에서 가까운 천안 입장장에 가기 위해 장항선 기차를 탔다. 코로나로 인해 마스크를 착용해 대화가 오가지 않아 기차 안은 조용하다. 창밖으로 보이는 풍경은 노랑 흙빛 들판이 펼쳐지고, 간간이 보이는 나무들 뒤로 갈맷빛이 날을 세우며 들녘을 가로지른다. 산 아랫마을이 있고, 밭이 있고, 논이 있고, 큰 개울이 있어 마치 오케스트라의 화음이 조화를 이루듯 풍경에서 소리가 난다. 벼가 익어가는 소리, 콩이 여물어가는 소리, 호박이 익어가는 소리, 구절초꽃 피는 소리 등이 햇빛의 중매를 받아 갖가지 색으로 변하는 중이다.

할매들이 펼쳐놓은 난전 앞의 농산물을 오랫동안 바라보고 있으면 색다른 경험을 하게 된다. 늘 반찬으로, 먹거리로, 양념으로 쓰였던 호박과 쪽파, 열무, 고추, 콩, 고구마, 가지, 여주, 생강, 양파, 마늘, 참기름, 들기름, 도라지, 땅콩, 고구마순, 밤, 배추, 곡물 등이지만 새로운 시선으로 보게 된다. 그들이 간직하고 있는 숨은 이야기에 귀를 기울인다. 장터를 몇 번 왔다갔다했더니 사물이 여기저기서 말을 걸어온다. 초록 냄새를 풍기며 내게 자기 소개를 하기 위해 신문지 위에 누워 있던 풋호박이 입을 쫑긋거린다.

한눈에 들어오는 입장장은 장꾼들이 띄엄띄엄 앉아 있어 더 한가해 보인다. 시간을 기다리듯 사람을 기다린다. 도시에서는 시간이 도망가는데 이곳에서는 시간이 멈춘 것 같다. "코로나 이후로 사람들이 나오지 않네유. 장 가까이 사는 우덜이나 나오쥬. 장꾼도 드물게 오니께 사람이 안 와유." 호박과 쪽파를 갖고 나온 박 씨(76세)의 말이다. "젊을 때는 소 몰고 안성장까지 갔시유. 안성이나 천안이 여기서 삼십 리밖에 안 되니께 걸어다녔지유. 근디유. 편하고, 먹을 것도 많고, 쪼끔만 멀면 차 타고 다니는디, 고상스럽게 걸어댕

천안 입장장, 2022

생굴
굴전
보담.밥.상
보담.밥.상
보담.밥.상
보담.밥.상
보담.밥.상
보담.밥.상
쪽갈비김치찌게
Cafri
카스

겼던 그때가 좋았시유. 사람 맴이란 게 참 요상허지유. 요것이라도 갖고 나온 게 사는 것 같아유." 장터에 가면 옹기종기 모여 앉아 세상 돌아가는 이야기를 하는 할매들을 만날 수 있다.

입장장에도 장옥(場屋)이 있었는데 사람들이 밖에만 난전을 펼쳐 장옥을 헐었다고 한다. 눈과 비를 막아주는 장옥이 편해 그곳에 들어가 장사를 하지만 몇 년만 지나면, 다시 밖으로 나와 장사하는 사람이 많아져 장옥을 허물 수밖에 없었다고 한다. 4일, 9일, 14일, 19일, 24일, 29일 장이 열리는 입장면은 천안 최북단에 있는 완만한 구릉을 가진 평야 지대다. 옛 선조들은 오일장의 숫자도 그 지역에 맞는 풍수지리에 의해 산야(山野)를 보면서 정했다.

입장장은 예전에 큰 장이었다는데 폐가옥처럼 썰렁하다. 코로나 전에는 제법 사람들로 붐볐는데 지금은 사람들이 나오지 않는다는 볼멘소리뿐이다. 한때는 이 지역에 광산이 있어 사금(沙金)과 석금(石金)이 채취되었다. 일제강점기 때는 입장역을 관통하는 천안과 안성을 연결하는 안성선 철도를 만들어, 넓고 비옥한 땅에서 나온 곡물을 수탈해갔다. 10년 전 입장장에 왔을 때는 제법 붐볐다. 코로나 이후 장이 한산해 지역주민 몇 사람, 장돌뱅이 몇 사람만 나와 장을 지키고 있다.

약초 장수 신교홍(58세) 씨는 20여 년 장사했지만, 요즘처럼 사람이 없는 것은 처음이라며, 볼 것 없는 장에 왔다며 핀잔을 주면서도 보온병을 꺼내 따뜻한 커피를 따라주었다. 장옥은 노숙자와 같다는 신 씨는 입장장, 성환장, 평택장, 청원 옥산장, 아산 둔포장을 다닌다. 노숙자들은 거리에서 잠을 자다가 좋은 숙소가 생기면 몇 년간 들어가 지내다 다시 거리로 나온다. 거리에서 자유롭게 살다가 좁은 방에라도 들어가 살면 처음에는 좋지만 나중에는 갑갑증이 나서 살지 못한다. 난전에서 장사하던 사람들도 처음에는 눈과 비를 피할 수 있는 장옥에 들어가 장사를 하지만, 몇 해 지나면 밖으로 나와 난전을 펼친다. 요즘도 장에 다니다 보면 장옥은 비워둔 채, 난전에서 장사하는 사람들을 종종 볼 수 있다. 우리 조상들은 집보다 들판에서 일하며 보내는 시간이 더 많았다. 그래서 자연과 동화되어 살아온 습성이 무의식 속에 배어 있는지 난전에서 물건 사는 것을 더 좋아한다.

힘겨운 삶을 살아내는 장터 사람들을 보면 역사를 이끌어가는 것은 권력자가 아니라 장터의 이름 없는 이들이 아닐까 싶다. 대파 몇 뿌리를 갖고 나온 난전의 소 씨 할매를 보면 노인은 얼굴보다 마음에 주름살이 더 많은 것 같아 안타깝다. "지금은 장이 쥐꼬리만 허지유. 그래도 옛날부터 댕겼던 장인디, 안 된다고 안 올 수 없쥬. 내 집 같은 장인디유. 돈 적게 벌어도 내 흔적이 묻어 있승께 나와유. 장사허는 것이 나를 살리고 있구먼유."

천안 입장장, 2012

천안 입장장에 가려면
장항선 기차를 타고 천안역(용산-천안 1시간 18분 소요)에 내려, 동부광장 버스정류장에서 200번이나 201번 버스를 타고, 40여 분 가면 입장장이다. 천안 제10경으로 입장포도가 특산품이다.

천안 입장장, 2022

천안 입장장, 2022

천안 입장장, 2022

장터 뒤편으로 느리게 걸으며 주위 풍경을 눈에 담는다. 사람이 살지 않는 집은 무너져 내리고, 주인 없는 노인용 유모차가 조용히 서 있다. 버려진 집터에서 움트며 자라는 잡초들은 조상들의 끈질긴 삶과 그 역동성을 대변하는 듯하다. 녹슨 철문과 담쟁이넝쿨, 나무에 묶여 휘날리는 허수아비, 부서진 벽에 그려진 사람들 흔적이 옛 삶을 말하고 있다.

입장에서 유명한 거봉 포도밭을 찾아나섰다. 요즘 시골 마을에 가면 사람을 만날 수 없어 장터에서 정보를 물어본 후 찾아간다. 장터에서 10여 분 벗어나면 포도밭이 있다. 마침 포도 농사를 40년 지었다는 김순임(67세) 아짐을 만났다. 김 씨 아짐은 "포도는 날씨에 민감해유. 이번 추석이 일러 포도가 그대로 낭구[나무]에 매달려 있구만유"라고 한다. 포도 한 송이를 만들기 위해 얼마나 많은 시간과 노력을 부렸을까. 또 김 씨 아짐 손길을 몇 번이나 거쳤을까. 한여름 뙤약볕에 등에서 흘러내린 땀방울이 발등을 적실 때쯤 포도는 달달하게 농익어갔을 것이다. 김 씨 아짐이 귀한 자식을 보듬듯이 포도송이를 매만진다. 기다리는 것이 일이라는 것을 자연에서 배운다.

미술관을 품은 장터

-천안 성환장

인류학자 C. 크럭혼은 '인간은 문화를 몸에 달고 다니는 존재'라고 했다. 가을이면 온 장터가 색으로 말하며, 그 지역만의 고유한 맛과 멋이 어우러져 오일마다 삶의 축제가 펼쳐진다. 특히 가을에 열리는 장터는 각종 농산물의 표정이 살아 있어 보는 이를 놀라게 한다. 밭에서 채취해온 콩에게 말을 걸고, 나무에서 따온 감과 밤, 은행에 말을 걸면 그들은 가지각색으로 대답한다. 무심하게 입으로 들어가는 콩 한 톨을 얻기 위해 우리 엄니와 할매들은 허리를 몇 번이나 구부려야 했으며 손길은 또 얼마나 미쳤을까. 당신들 몸뚱이가 땅이듯, 세상에서 가장 아름다운 생명을 물오르게 했다. 그래서 우리네 엄니, 할매의 삶을 들여다보면 고개가 저절로 숙여진다.

장항선 기차를 타고 천안역에서 내렸다. 성환장을 가기 위해 천안역에서 1호선 전철로 환승해 성환역으로 갔다. 평일이라 전철 안이 한가하다. 기차나 전철 안 풍경을 보면 책 읽는 사람은 보이지 않고 모두 핸드폰에 빠져 있다. 이러다가 인터넷이 우리 생각과 삶까지 지배하게 되지 않을까 싶다. 성환역에 내려 장으로 간다. 사람과 사람이 관계를 맺는 곳이 장터다. 장으로 들어가는 길목에 각종 생활용품을 트럭에 펼쳐놓고 파는 아재가 보이고, 조금 지나자 트럭 앞유리에 당당하게 생산지 이름표를 단 보성산 쪽파가 보인다. 천냥 땡마트 앞에는 강 씨 아짐이 펼쳐놓은 호박, 홍고추, 감자, 풋고추, 옥수수, 열무, 고구마, 씀바귀, 콩, 고구마순이 시집갈 채비를 하고 앉아 있는 품새가 다소곳하다.

천안 성환장은 백여 년 전, 공터 난전에서 시작해 매월 1일, 6일, 11일, 16일, 21일, 26일에 열린다. 조선시대 과거를 보기 위해 한양으로 가는 길목에 장이 열려 물건을 파는 사람이나 사는 사람이 깍듯한 예를 갖춰 '양반장'으로 불리기도 했다. 성환장은 특산물인 배를 상징해 '성환이화시장'으로 이름이 바뀌면서 문화장터 '미술관을 품은 시장'이 되었다. 이 지역의 역사와 문화, 지역 상인들의 이야기를 기반으로 장 주변에 벽화를 그리고, 조형

천안 성환장, 2013

천안 성환장에 가려면
용산에서 장항선 기차를 (용산-천안 1시간 20분 소요) 타고 천안역에서 1호선 전철로 환승하여 성환역에 내린다. 성산초등학교 담벼락을 타고 몇 걸음 걷다 보면 성환장이다. 양령리에 1200년 천연기념물 향나무가 있고, 가을이면 성환 배 축제를 개최한다. 성환 배는 당도가 높아 세계에 수출한다. 당뇨에 좋은 개구리참외가 유명했는데 요즘 대체 과일이 많이 나와 그 명맥이 끊기고 있다. 장날과 장날 전에만 열리는 순대와 국밥이 유명해 전국에서 찾아오는 사람이 많다.

천안 성환장, 2013

물도 설치했다. 특히 성환장에서만 맛볼 수 있는 순대와 국밥을 먹기 위해 전국에서 사람들이 찾아온다. 국밥집 대부분이 삼십 년 전통을 자랑하는 국밥집이다. 국밥은 장이 열리는 전날과 장날에만 문을 여는 특별한 먹거리다.

2013년 파장 무렵, 성환장에 갔을 때는 장터가 떠들썩했다. 묵 파는 김 씨 아짐은 주변 장꾼들의 지청구에도 말없이 돈만 세고 있었다. 옆에서 나물 파는 이덕순 할매가 "저 미련퉁이는 돈을 벌어 며느리한테 갖다바쳐유. 아들은 고주망태 술주정뱅이고, 며느리는 시어미를 구박해 그나마 장에 나와 있는 게 제일 편하다며 근처 장이란 장은 다 돌아댕기지유. 시상이 너무 불공평해유. 지어미를 장바닥에 내모는 자식이 어딧대유. 무던한 사람인디 짠해 죽겠시유." 긴 시간 이야기를 듣다가 내가 21세기 세상 중심에 서 있나 싶었다. 우리네 엄마들은 언제까지 콩꼬투리와 콩알 같은 삶을 살아내야 할까. 주섬주섬 보따리를 챙기는 그들을 지켜보는데 그날따라 가슴 한쪽이 시리고 아팠다.

2017년 충남문화재단에서 연락이 와 성환장을 찾았을 때는 옛 모습은 지워버리고, 새로운 옷으로 치장돼 있었다. 충남문화재단에서 '문화가 있는 날'이라는 행사 일환으로

천안 성환장, 2017

천안 성환장, 2017

2017
보부상,
문화를 전하다
禮德
侍
禮德

'보부상, 문화를 전하다'라는 행사를 성환장에서 진행했다. 괴나리봇짐과 짚신을 매단 각설이가 북단장과 가위질을 하며 장을 돌아다니며 분위기를 고조시키고 있었다. 온몸에 땀이 주르르 흘러내리는 여름 날씨에 장꾼들은 얼음주머니를 등과 머리에 얹어놓고 더위를 식히고 있었다. 공연자들은 지게를 짊어지고, 바구니, 비단, 소금가마니, 장봇짐 등을 짊어지거나 엿판을 메고, 떡을 이고, 괴나리봇짐을 등에 메고 재를 넘고, 물을 건너며 길 위에 사는 보부상을 재현하며 연희를 벌였다.

보부상놀이는 보부상단의 친목을 도모하고, 장사가 잘되길 기원하는 뒤풀이로 그들의 삶이 깃든 장터에서 함께 즐기는 축제다. 보부상놀이는 지역에 따라 다르다. 충청남도는 보부상의 진면목인 행상을 비롯하여, 시장에서 물건을 직접 사고파는 모습을 재현함으로써 역사 속에 사라진 보부상들의 애환과 문화를 만나게 했다. 보부상은 조선시대에만 존재했던 우리나라 특유의 행상으로, 우체국의 우체부처럼 각 마을에 일어난 소문과 정보를 전해주는 눈과 귀 역할을 해냈다. 또한 여자 행상은 마을을 드나들면서 바깥세상과 이웃에서 벌어진 잡다한 소식을 전달하면서 1960년까지 중매쟁이가 되어 짝을 맺어주는 역할도 해냈다.

농사일하며 60년째 장사를 해온 장학실(86세) 할머니를 만나 "할머니 앞에 가을꽃이 피었다"라며 인사를 드렸더니 "내가 솔방울 장시하고, 장작 장시허갛고 돈을 많이 벌었다우. 솔방울 한 가마니에 이만오천원 했으니 눈만 뜨면 솔방울 줍는 게 일이었쥬. 컴컴해도 주스로[주으러] 댕겼어유. 돈이 사람 잡는다는 어르신들 말을 그때 알았시유"라고 한다. 요즘 젊은이들은 부모가 겪었던 경험이나 옛날이야기를 듣기 싫어한다. 부모보다 모르는 것이 없는 척척박사에다 가진 것도 많지만 만족한 삶을 살지는 못한다. 장에서 만난 어르신들은 많이 배우지도 못했고 가난하지만 지혜와 여유가 있다. 사람이 무엇으로 살아야 하는지, 무엇이 소중한지를 몸소 보여준다.

성환장 입구는 사통팔달로 열려 있다. 사거리로 들어서면 성환순대타운, 성환이화시장, 배를 상징한 조형물이 우뚝 서 있고, 오른쪽에 순댓국밥집이 있다. 장마당 가득 농기구를 펼쳐놓고, 약초도 늘어놓았다. 한쪽에서 뻥튀기 장수가 호루라기를 불어대자 구절초 꽃잎이 떨어지는 소리가 들린다. 야생 구절초와 호박, 사과, 감, 늙은 호박, 밤 등이 펼쳐져 있는 김 씨(54) 난전은 설치미술이 따로 없다. 자연이 빚어낸 재료로 그려낸 난

천안 성환장, 2022

천안 성환장, 2013

천안 성환장, 2022

천안 성환장, 2022

전은 정물화보다 아름답다. 끈으로 엮어 긴 장대에 매달린 구절초 꽃잎에 햇빛이 내려앉아 저절로 입가에 미소가 지어진다.

즉석 과자를 만들어 파는 이영재(63세) 씨는 성남 모란장, 용인장, 춘천 풍물장을 돌아다니는 장돌뱅이를 32년째 해오고 있다. 그날그날 운수를 점친다는 이 씨는 찾아오는 단골이 많다고 했다. 즉석 과자를 만들 때도 단골손님 건강을 위해 당질을 낮춰 맛을 내는 방법을 연구한다며 브로콜리로 만든 과자를 쥐여준다. 초록과자를 맛보고 있는데 장 구경하고 싶다는 엄마를 모시고 온 이경석(57세) 씨와 93세인 김옥란 할매가 과자를 고르고 있다. "어머님께서 성환장 가는 것이 소원이고 늘 말씀하셔서 모시고 나왔다"는 두 모자가 손잡고 장 보는 모습을 한참 지켜봤다. 아들과 엄마가 마주보며 웃는 모습에 내 마음까지 훈훈해진다.

요즘은 과자 몇 개만 사도 전자저울을 사용한다. 1997년부터 장에서 됫박이나 저울추를 없애고 그램(g)을 쓰게 했다. 컴퓨터처럼 정확한 전자저울이 시골장까지 침입해 덤을 주는 게 인색해졌다. 다산 정약용 선생은 천하에 두 가지 큰 저울이 있다고 했다. "하나는 옳고 그름에 대한 시비(是非)고, 다른 하나는 이해(利害)로 이롭고 해로움에 대한 저울"이라고 했다. 세상일을 재는데 저울추가 어디로 기우느냐에 따라 자신이 잴 때와 남이 잴 때의 기준이 달라진다. 똑같은 일과 사물을 재면서도 자기가 잴 때는 저울 눈금이 낮은 것 같고, 남이 잴 때는 저울 눈금이 높은 것처럼 보인다. 이게 사람 마음이다. 장터에서 저울은 물건보다 사람 마음을 추에 단다. 사는 사람이나, 파는 사람 서로에게 똑같이 배려하는 마음을 나눈다. 중용의 이치를 장터 사람들은 몸소 실천하고 있다. 지금 내 마음의 저울이 어디로 기울어져 있는지, 옳은 것을 올곧게 지켜내고 있는지, 장터에서 내 자신을 들여다보게 된다.

독립운동의 텃밭
-천안 아우내장

용산역에서 장항선 기차를 타고 천안으로 가고 있다. 바깥 파란 풍경이 눈부시다. "가을은 하늘에 우물을 판다"는 조병화 시인의 「가을」이란 시가 입안에서 뱅뱅 돈다. 그는 "그립다는 것, 그건 차라리, 절실한 생존 같은 거라고, 가을은 구름밭에 파란 우물을 판다. 그리운 얼굴을 비치기 위해서"라고 노래했다. 그리운 얼굴을 비치기 위해 파란 우물을 파면 그 '임'은 찾아올까. 오늘 찾아가는 장터는 흠모하는 '임'의 흔적이 오롯이 고여 있는 천안 아우내장이다. 천안역에서 내려 동부광장 쪽으로 걸어가면 버스정류장이 나온다. 여기서 400번 버스를 타면 아우내장터도 갈 수 있고, 유관순 열사 유적지에도 갈 수 있다. 난 병천우체국에 내려 아우내장터로 간다.

아우내장터는 1928년 개설되어 1일과 6일이 들어간 날이면 아우내슈퍼를 중심으로 열린다. 또한 천안의 향토음식으로 지정된 병천순대와 국밥을 먹기 위해 장날이 아닌 평일에도 줄을 서서 기다릴 정도로, 서울뿐 아니라 전국에서 찾아오는 맛의 명소로 유명하다. '아우내'는 여러 개 천이 하나로 만난다는 뜻이다. 병천 아우내에 시장이 들어선 것은 조선시대 어사였던 박문수의 설화가 있다. 은석산 아래 오일장을 만들어 사람들을 모여들게 하는 풍수 장터를 생각해냈다고 하는데 그야말로 전설처럼 내려온 이야기다.

우리의 자유는 누군가의 희생에 의해 지켜져왔다. 아우내장터는 유관순 열사의 생가와 기념관, 사적지가 인근에 있는 독립운동의 텃밭이다. 1919년 4월 1일 아우내장터에 3천여 명이 모여 '대한독립 만세'를 외쳤다. 시골에 살던 민중들조차 죽음을 무릅쓰고, 일본의 총칼을 두려워하지 않은 채 독립을 부르짖었다. '대한독립 만세' 함성은 비폭력 만세운동이 되어 전국으로 확산됐다. 아우내장터에서 사람들의 웅성거림을 듣다보면, 그 당시의 우렁찬 함성이 들리는 것 같다. 지역 주민의 난전 앞에 앉아 있는 농산물은 마치 유관순 열사 집에서 머리를 맞대며 태극기를 그리는 듯하다. 아우내장터에서 나라를 잃은 백성들이 맨손에 태극기를 들고 독립을 외쳤던 흔적이 남아 있다. 역사는 과거와 현재의 대화라고 한다. 104년 전, 과거를 불러내 아우내장터에서 외쳤던 그들의 함성이 들려온다.

천안 아우내장, 2013

천안 아우내장에 가려면
장항선을 타고 천안역(용산-천안역 1시간 5분 소요)에서 하차. 천안역 동부광장으로 나와 오른쪽으로 50미터쯤 걸으면 버스정류장이 있다. 이곳에서 400번 버스를 타고 병천우체국 앞에 내려 조금만 내려가면 아우내장이 펼쳐진다. 천안역에서 아우내장까지 버스로 50여 분 소요. 아우내장터에서 유관순 사적지는 도보로 15분. 택시는 3-5분 소요.

천안 아우내장, 2012

마침 3월 1일, 아우내장터는 난전에서 장사하는 사람들까지 태극기를 내걸었다.

장날이면 많은 노점상이 난전을 펼쳐 지역 주민들뿐 아니라 가까운 수도권에서 온 관광객들이 많다. 몇 년 전에는 보이지 않던 난전도 많이 생겨 그야말로 없는 것 빼고 다 있다. 10년 전, 유행가 테이프를 쌓아놓고 팔던 풍경이 자취를 감추고, 몇천 곡 들어가는 음원을 USB에 담아서 팔아 어르신들이 장에 오면 즐겨 찾는 난전이다. 트로트 열풍으로 인해 '보릿고개'가 스피커를 타고 구성지게 흐른다. 온갖 풍성한 먹거리와 오만가지 풍요로운 물건 앞에서 듣는 "아이야 뛰지 마라, 배 ~꺼질라 ~"는 가사는 일제강점기를 겪어온 당대 사람들을 생각나게 해 가슴이 시려온다.

1960년 농림부에서 '쥐약을 놓아 쥐를 잡자'는 홍보 포스터를 만들어 마을마다 배포하면서, 일시에 다 같이 쥐를 잡자며 날짜와 시간까지 알려줬다. 당시에는 쌀과 곡식 등이 귀해 이를 먹어치우는 쥐를 잡아야 했다. 그런데 박복규(67세) 씨는 지금도 여전히 쥐약이 잘 팔린다고 한다. 42년째 쥐약과 바퀴벌레 잡는 약장수를 하고 있다. 쥐약에 대해서 박사라는 박 씨는 죽는 날까지 쥐약 장수로 남겠다며 당신이 살아온 이야기를 맛깔스럽게 했다. 옆에서 손도장을 파는 장 씨 아재가 "박 씨 말은 반토막만 들으슈, 꼭 쥐약 같은 사람인께유." 묘한 웃음으로 다음 말을 감추는 장 씨는 52년째 장터에서 손도장을 파오고 있다. "요즘은 탯줄 도장이 유행이유. 임감도장은유 땅문서, 집문서에 들어가니께 꼭 손으로 파야해유. 컴퓨터 도장은 원하는 서체로 만들기 때문에 위조허기 쉬어유." 장 씨는 손으로 파야 재산을 지킬 수 있다며, 손도장에 대해 자랑이다. 도장 장수 옆, 속옷 난전에서 할매가 양말을 고르는데 한나절이다. 할매가 이리저리 살피는 모양을 아무 말 없이 바

천안 아우내장, 2022

천안 아우내장, 2013

천안 아우내장, 2013

Wilson Staff

라보는 주인장이 대단해 보인다. 속옷집 바로 옆 난전에는 요즘 유행하는 실리콘 용기가 펼쳐져 여인네들 발걸음을 멈추게 한다. 큰 마트에 가야 살 수 있는 물건이 많아 눈을 동그랗게 뜨며 그냥 지나가나 싶은데, 다시 와서 만져보곤 한다.

아우내장에서 떡할매로 유명한 서문예(97세) 할매를 만났다. 10년 전 만났을 때는 좌판이 넓어 떡 종류가 많았는데 지금은 3분의 1로 줄어 약밥과 도토리묵 등 서너 가지 펼쳐놓고 무심한 듯 자리를 지키고 있다. 맞은편 포도 장수 입담에 살포시 웃는 모습이 70년 장사한 장꾼이 아니라 오늘 처음 장에 나온 새각시 같다. 모자 속에 백발을 감추고 웃는 모습이 어여뻐 나도 모르게 손을 잡고 건강을 물었다. "장에 다닐 수 있으니 건강해유. 모다들 걱정해주니께 감사허쥬. 걸을 수 있을 때까지 장에 나오니께 또 와유." 서 씨 할매가 반갑고 고마워 건강하시라는 인사를 하고 발길을 돌린다,

전국에 있는 오일장을 다 다닌다는 이기성 씨는 뱃속에서부터 포도 농사를 지었다며 자랑한다. 3대째 포도 농사를 하고 있다는 이 씨는 47년째 장터에 다니고 있다. "내가유. 사람 얼굴만 봐도 살 사람인지, 맛만 볼 사람인지 알아유. 이번 포도 농사는 망쳤시유. 날씨에 민감한 게 포돈디유. 올해는 추석이 빨라 농장에 그대로 있어유." 포도를 팔면서 덤을 더 많이 주는 이유가 있다. 팔다 남은 포도는 안성에 있는 고아원에 갖다줄 거라며 내게도 포도 한 송이를 싸줬다. 장터 인심이 좋다고 하지만 요즘에는 좀처럼 볼 수 없는 풍경이다. 포도를 파는 사람이나 사는 사람이나 즐거워하는 모습이 마치 옛 장터의 한 장면을 보는 듯하다. 포도에서 흘러나오는 정이 숙성되어 세상 사람들 마음이 보랏빛으로 달달해지는 상상을 하면서 아우내장을 뒤로하고 발걸음을 옮겼다.

아우내장터에서 유관순 열사 유적지는 주변 풍경을 구경하며 천천히 걸어가면 15분 정도 걸린다. 기념관, 동상, 추모각이 조성되어 있다. 수감 생활했던 형무소 작은 공간이 재현되어 그 앞을 한참 동안 서성거렸다. 기념관에 아무도 없었다. 태극기를 들고 무릎 위에 올려놓은 다소곳한 손, 강한 의지가 서려 있는 앳된 유관순 열사 초상화만 덩그마니 앉아 있다. 아우내 장터에서 태극기를 휘날리며 대한독립 만세를 부르짖던 우리 선조들의 모습을 마음에 새겨본다.

한 숟가락의 정이 담긴
-온양온천역 풍물오일장

세상에 가속도가 붙었다. 봄도 성질이 급해져 4월 중순인데 들판을 온통 초록색으로 물들였다. 앞으로는 인간도 인공자연 속에서 살아야 하는 것 아닐까 우려스럽다. 창가에 스치는 나무를 바라본다. 초록이 짙어져 무거워하는 소리가 들린다. 깊은 터널 속으로 기차가 들어간다. 몇 번의 긴 터널을 통과하자 온양온천역이다. 장항선 기차를 타고 온양온천역까지 단숨에 온 것 같다, 온양온천역은 2008년 수도권 전철 1호선이 이어져 기차 외에 전철을 이용할 수 있다. 코로나 전에는 온양온천장이 열리면 서울에서 많은 어르신들이 전철로 내려와 온천욕을 하고, 국밥도 먹고, 장 구경까지 해 사람들로 인산인해였다. 코로나가 엔데믹으로 전환하자 온양온천장이 다시 사람들로 넘쳐나고 있다.

온양온천역에서 나오면 넓은 광장에 비둘기 떼가 무리지어 있다. 어린아이가 새우깡 봉지를 들고 광장에 이르자 어디서 신호를 받았는지 비둘기 떼가 광장으로 내려앉는 소리가 제트기 소리보다 크다. 온양온천장은 온양온천역 고가철도 아래에서 4일과 9일이 들어간 날 열린다. 2009년 권곡시장과 통합해 온양온천역에 노점형 오일장으로 만들어 오늘에 이른다. 권곡동 오일장은 자연발생적으로 형성되어 2009년 온양온천역으로 옮겨와 기차역 아래 오일장이 열리는 명소가 됐다. 장이 열리지 않는 날은 주차장과 주민들을 위한 체육시설로 활용된다. 온양온천은 우리나라 온천 중 가장 오래된 곳으로 조선시대 왕가 휴양지였다. 좌판을 크게 벌인 상인들은 대부분 전국 오일장을 도는 장돌뱅이들이다. 교통이 편리하기 때문에 보따리 하나 들고 나온 할매 상인도 많다. 계단이든, 골목이든 자리만 있으면 보자기를 풀어 난전을 꾸민다.

장마당 중간쯤에 세 할매가 난전을 꾸렸다. 밤과 은행, 콩과 마늘, 고들빼기가 할매들 상품 전부다. 그런데 마늘을 팔았다는 옆 할매의 자랑에 약이 바짝 오른 이 씨(86세) 할매 얼굴이 붉그락푸르락하다. 아산 염치에서 자연산 고들빼기를 갖고 나온 할매가 붉은 플

온양온천역 풍물오일장, 2022

라스틱 바구니를 내밀며 나를 불러세운다. "자연산이유. 한 볼태기 사가유. 삶아서 무쳐 먹으면 오장육부가 편안해져유." 고들빼기에 오장육부까지 들먹이자 옆 할매가 핀잔을 주며 구시렁거린다. 할매들은 엎치락뒤치락하면서도 서로 정이 들어 먹을 것을 나누고, 손님이 오면 마늘을 지금 깠다며 옆에서 싱싱함을 자랑해주기도 한다. 장터에서 할매들을 지켜보면 유독 시샘이 많다. 당신 물건만 팔리지 않으면 괜한 심통을 부려 보따리를 주섬주섬 챙기는 할매도 있다. 그래서 나란히 앉아 있는 할매들 난전엔 볼멘소리가 떠나지 않는다.

아산은 이순신 장군이 유년기부터 청년기를 보낸 곳이다. 장터 곳곳에 장군의 일화가 글과 그림으로 그려져 있다. 중간중간 쉴 수 있는 공간이 만들어져 삼삼오오 담소를 나누다 의기가 맞으면 선지국밥집에서 뜨끈한 국밥에 막걸리를 마신다. 보따리가 무거워 쉬는 할매들이 도란거리자 햇살도 잠시 쉰다. 역광장부터 시작해 너더리길까지 장을 몇 바퀴 돌아다니다가 쉬고 있는데 강 씨 할매가 말을 걸어온다. 검은 비닐봉투에서 빨간 조끼를 꺼내더니 "일헐 때 입으려고 샀는디유. 색이 고와 주책이라고 허지 않겠시유." 조끼를

온양온천역 풍물오일장, 2022

온양온천역 풍물오일장, 2022

온양온천역 풍물오일장에 가려면
장항선 기차를 타고 온양온천역까지 1시간 30여 분 소요된다. 역 앞으로 나오면 광장이 보이고, 광장 너머 장항선 고가철도 하단부에 장이 열린다. 수도권 전철 1호선 이용(신창행 방향) 온양온천역에 내리면 된다. 아산 외암민속마을은 온양온천역 버스정류장에서 100, 101번 버스를 이용하면 30여 분 소요된다. 택시는 10분 소요.

온양온천역 풍물오일장, 2022

입혀드리며 “나이 드시면 더 곱게 입어야 한대유. 이뻐유. 잘 사셨어유.” 내가 능청스럽게 충청도 사투리를 쓰자 할매가 내 손등을 어루만지며 이야기보따리를 풀었다. 자식 이야기, 농사 이야기, 급기야는 남편을 꼬부랑땡이 영감이라고 흉보며 새악시처럼 웃는 모습이 여든셋 할머니가 아니라 스무 살 처녀같이 예뻐 보인다. 웃음을 살포시 내보이는 강 씨 할매를 뒤로하며 장터 뒤쪽으로 건너갔다.

장터가 끝나는 지점에서 무를 경운기 위에 올려놓고 앉아 있는 김 씨(81세) 할배와 할매를 만났다. 온양 초사리에서 왔다는 노부부는 농사도 직접 짓는다며, 집에 가고 싶어하는 할매 때문에 할배는 전전긍긍이다. “사람들 보고잡다고 해서 데려왔는디유. 힘들다고 자꼬 집에 가자고 졸라대고 있네유. 자식들은 못허게 말리는디, 이렇게라도 꾸물거리고 살아야쥬.” 김 씨 할배는 경운기 운전은 자신 있다며 무 같은 하얀 웃음을 지으며 “집에 가도 텔레비를 크게 틀어놓아유. 아무 소리 없으면 절간 같다고 투정 부리는 통에 눈 뜨면 텔레비와 살아유.” 노부부를 보면서 농촌의 현실을 보는 것 같아 마음이 씁쓸하다. 다른 난전으로 가는 발걸음이 무겁다.

장터 중간쯤, 박상철(63세) 씨가 새를 훈련시키고 있어 호기심에 가까이 다가갔다. 유독 새를 좋아한다는 박 씨가 새와 함께 장에 다닌 지 20년째라 한다. 한참 동안 박 씨와 이야기하는데 새를 보러 오는 사람이 제법 많다. 박 씨는 조류인플루엔자로 새에 대한 인식이 좋지 않아 그것이 새와 무관하다는 것을 알리기 위해 진천장, 천안 아우내장까지 다닌다고 했다. 요즘 반려동물이 인간 생활 깊숙이 파고들어 귀한 대접을 받는다. “우리나라도 한 집 건너 한 집이 반려견이나 고양이를 키우는 사람들이 많아졌어유. 거기에 반려 새까지 합치면 엄청나지유. 새는 좁은 공간에서 키울 수 있어 좋아들 해유. 치매 걸린 사람한테 새가 좋다고 들었는지 어르신들이 많이 찾아와 물어봐유. 그래도 새는 키워본 사람만 사가유. 비싼 새는 지 몸값도 갖고 있어유.” 몇 해 전 광양장에서 인공지능이 장착된 새를 파는 아재를 만났었는데 새가 우울증을 치유한다는 이야기를 했었다. 어쩌면 이 시대에는 사람과 사람이 만나 정을 교류하는 곳은 장터가 유일하지 않을까. 갑자기 장터가 더 소중하게 느껴진다.

봄나물과 콩비지를 갖고 나온 남옥현(84세) 할매는 10리 길을 걸어 버스 타고 장에 나온다. 도고온천이 있는 효자리에 산다는 남 씨 할매는 자식들이 장사 못하게 물건을 다 버

온양온천역 풍물오일장, 2022

온양온천역 풍물오일장, 2022

온양온천역 풍물오일장, 2023

린다는 협박에도 굴하지 않고 장날이면 새벽 5시에 산에서 내려온다. "아덜이 서울서 같이 살자고 허는디유. 나는 시골이 좋아유. 나흘 동안 장에 내다팔 것 이것저것 준비허믄유. 세월 가는 줄도 몰라유. 밭에서 크는 작물을 보면유. 저것도 목숨 있는 것인디 함부로 허지 말어야지 험서 키우니께 지도 내 맘 알구, 내도 지 맘 알아유. 그게 다 동의보감 덕분이쥬. 지금도 동의보감 펼쳐놓고 봄나물이 우리 몸 어디에 좋은지 공부해가며 팔아유. 알아야 장사도 해유. 봄에 나오는 씀바귀 팔면서 어디에 좋다고 일러줘야 믿고 사가쥬."

즉석에서 썰어 파는 쑥인절미를 사서 난전 할매들과 나눠 먹으며 봄나물에 대해 이야기를 했다. 봄을 맞은 장터는 온통 초록색이다. 할매 얼굴도 초록으로 보이고, 말하는 입도 초록으로 보이고, 말소리에도 초록이 묻어 있다. 쑥인절미 몇 개에 할매들은 봄나물에

온양온천역 풍물오일장, 2022

대한 상찬을 이어간다. 간이 나쁜 사람은 돌미나리를 먹어야 한다는 할매, 입맛이 없는 사람은 씀바귀를 먹어야 한다는 할매, 삽주 뿌리를 먹으면 늙은이도 벌떡 일어난다는 할매, 당귀 싹을 먹으면 오장육부를 청소한다는 할매, 상추쌈은 오월에 먹어야 제맛이 난다는 할매, 원추리와 미역취, 고사리는 사월에 삶아 먹어야 제맛이 난다는 할매, 달래와 냉이, 민들레는 삼월에 무쳐 먹어야 제맛이 난다는 할매 등. 할매들의 봄나물 강의는 여느 강의실보다 뜨겁다.

요즘은 트로트가 유행해 테이프 대신 유에스비 넣어 듣는 블루투스 파는 곳에 어르신들이 많이 모인다. 몇백 곡부터 수천 곡까지 들어가기 때문에 테이프를 산처럼 쌓아놓고 팔던 모습은 자취를 감추었다. 핸드폰이 등장하고 우리 삶도 덩달아 빠르게 변해간다. 편리함과 빠름에 익숙해져 옛것에 대한 추억마저 사라지고 있다.

천막과 합판으로, 또는 신문지 한 장, 보자기 하나만 펼치면 난전이 만들어져 온갖 농산물이 총출동해 하루치 삶이 시작된다. 운수 좋은 날은 돈주머니가 두둑하니 먹지 않아도 배부르다는 구 씨 아재의 한 줌 덤과 정이 살갑다. 하루종일 장터에서 서성이다 보면 나도 모르게 어떤 힘이 솟아난다. 가지런히 손질한 마늘 두 봉지, 호박 한 덩이를 보자기 위에 펼쳐놓고 시간을 때우고 있는 할매를 보면 눈시울이 붉어진다. 평범한 일상을 공들여 살아가는 장터 할매들 삶이 빛나 보인다.

선지국밥으로 늦은 점심을 먹고, 온양온천장에서 가까운 외암민속마을로 갔다. 버스에서 내리자 소달구지, 닭을 키우는 움집 등이 반긴다. 이어 장독대, 초가로 된 그늘막, 집 담벼락에 장작더미와 짚단이 세워지고, 그 위로 구절초, 약초, 황기, 쑥 등이 그림처럼 걸려 있다. 한약방 댓돌 위에 짚신 세 켤레가 정겹게 누워 있고, 주막집 벽에 그려진 풍속화에서 기생이 튀어나와 육자배기 한 소절을 풀어낼 것 같다.

천하대장군 앞에서 마을주민이 감과 밤, 표고버섯, 쑥떡을 펼쳐놓고 관광객을 유혹한다. 초가지붕과 돌담길, 노랗게 익어가는 탱자, 나무 문 옆에 세워둔 절구통은 시간이 덧칠된 캔버스에 그려진 데생 같다. 벼를 수확한 논에 밀짚모자를 쓰고, 하얀 옷으로 치장한 허수아비가 대장처럼 서 있다. 붉다 못해 핏빛으로 칠갑한 맨드라미, 백일홍과 황국 등, 가을이 만들어낸 시간이 온갖 무늬를 만들어 반긴다.

민초들의 생활을 보여주는 쇼윈도
- 아산 둔포장

그곳, 장터에 가면 생생한 삶이 살아 있다. 기차를 타고 장에 가며 '난 왜 장터를 다니고 있을까.' 되묻곤 한다. 오늘도 카메라가 든 배낭을 챙기면서 무엇에 이끌려 장에 가는지 생각해본다. 도대체 장터에 무엇을 두고온 것일까. 무엇을 두고왔기에 또다시 장터에 가고 있을까. 오늘은 어떤 장돌뱅이를 만날까, 어떤 사물이 나를 기다리고 있을까, 어떤 할매와 이야기를 주고받을까, 장을 보러 나온 사람들의 표정은 어떨까, 새로 나온 물건은 무엇일까. 그런데 장에 가서 사람을 만나고 사물을 만나다보면 나를 까맣게 잊어버린 채 그 장소와 공간에 매료된다. 장을 몇 바퀴 휘리릭 돌다보면 소리와 색깔과 고향의 냄새까지 내 마음속에 파고든다.

장에서 아는 사람을 만나 국밥집에서 막걸리잔 위에 농사일에 지친 일상을 부려야 그나마 사는 맛이 난다는 사람들이 점점 보이지 않는다. 그런 까닭인지 시골 면장에 가면 내 마음도 덩달아 내려앉는다. 물어물어 어렵게 찾아간 둔포장에서 나를 반기는 것은 검은 고양이다. 둔포장의 유일한 장꾼 부부는 속옷 등을 판다. 57년째 온양장, 안성장, 평택장, 평택 안중장, 둔포장을 빠지지 않고 돈다고 한다. "부부가 오랫동안 집에서, 장터에서 매일 부딪치다 보면 싸우잖우. 글씨 우린 아직꺼정 싸운 적이 없시유. 비결이 뭔지 알아유. 어느 한쪽이 숨소리 안 내면 되어유." 난전 밑에 웅크리고 있던 고양이가 비밀을 알았다는 듯 나를 휠긋거리며 기지개를 켜더니 사라진다.

아산 둔포장은 매월 2일, 7일, 12일, 17일, 22일, 27일에 열린다. 1960년대 만들어져 옛모습은 사라지고 울긋불긋한 파라솔과 차일이 드문드문 장날임을 말해준다. 둔포장은 장날 안내서에도 기록되지 않아 모르고 있었는데, 아산 사는 지인이 알려주어 두어 차례 다녀왔다. 코로나가 기승을 부리던 2021년 봄날, 둔포장에 갔더니 장꾼 몇 명이 나와 난전을 펼치고 있었다. 장에 나온 사람은 가뭄에 콩 나듯 오고갈 뿐 장날이라는 실감이 나지

아산 둔포장, 2021

아산 둔포장에 가려면

장항선 기차를 타고 온양온천역(용산-온양온천역 1시간 30분 소요) 하차. 온양온천역 유엘시티 앞에서 503번, 510번 버스 이용, 둔포 오거리에서 내린다.(40-50분 소요) 택시는 25분 소요. 이순신 장군이 어머니를 맞이했던 게바위는 택시로 28분 소요. 공세리성당은 택시로 16분 소요. 510번 버스 이용해 인주파출소 공세리성당에서 내린다.(40분 소요) 현충사까지 택시로 18분 소요. 대중교통이 원활하지 않아 택시를 이용하면 편리하다.

않았다. 너무 한가한 나머지 장꾼들이 한곳에 모여 카드놀이로 시간을 보내며, 햇살만이 내리쬘 뿐이었다. 50년 전 쌀을 이고, 지고, 소달구지에 싣고, 경운기에 싣고 나와 흥정하는 소리가 들렸다가 사라지는 것은 유행가 가락 때문이었다. 요즘 레트로 열풍으로 다시 트로트가 뜨고 있다. 문명이 발달할수록 추억몰이를 하면서 과거를 회상한다. 요즘 장터에 가면 유행가를 크게 틀어놓고 어르신들을 유혹한다. 그나마 흘러가는 유행가 덕분에 장터 분위기가 조금 살아난다.

둔포장은 소박하게 차려놓은 밥상 같다. 예전에 둔포장에서 "꼭지" 드라마 촬영을 했다며 자랑하는 생선 장수 이 씨(82세)는 "내하고 저 속옷 파는 집허고만 장날마다 나오지유. 나머지 장꾼들은 가끔 와유. 함께 장사했던 이들도 한 사람 한 사람 하늘나라로 가버리고 나만 남았쥬. 나도 아파서 장사 못허먼유. 요 장도 흔적 없이 동네주차장 되겠쥬." 길바닥에 청춘을 바쳤다는 이 씨는 48년째 생선 장수를 해오고 있다.

풋마늘을 파는 이종만(73세) 씨는 30년째 둔포장을 다녔지만 요즘처럼 사람이 나오지 않는 것은 처음이라며 "장돌뱅이들은 서로 정보를 교환하기 때문에 어느 장에 사람이 많

아산 둔포장, 2021

은지 서로 알려줘유. 우리 같은 장사꾼은 하나라도 더 팔 욕심에 사람이 많이 모이는 장터에 가게 되쥬. 둔포장엔 단골이 전화해서 왔어유"라는 이 씨에게서 마늘향이 진동했다. 이제 단골이 장꾼을 부르는 시대에 접어들었다.

아산 둔포장, 2022

뻥튀기는 누구나 심심풀이 땅콩처럼 좋아한다. 장날이면 뻥이요! 하는 소리와 구수한 냄새가 주는 즐거움은 시대와 나이를 가리지 않는다. 언젠가 방송에서 전쟁과 기아로 고통받는 아프리카 사람들을 위해 한국인이 뻥튀기를 만들어 제공하는 장면을 봤었다. 아프리카 아이들이 큰 눈을 부릅뜨며 손으로 귀를 막고 신기해하던 모습이 눈앞에 선하다. 요즘이야 간식거리가 다양해 뻥튀기는 점점 자취를 감추고 있지만 아직도 할매들이 많이 찾는다.

요즘도 설 명절을 앞둔 장날이면 곡식이 담긴 깡통이 뻥튀기 기계 앞에 이름표를 달고 줄지어 서 있다. 42년째 뻥튀기를 해온 김영순(69세) 씨를 둔포장에서 만났다. 천안 성환장만 보는데 단골이 전화하면 여기도 가끔 온다고 했다. 요즘은 튀기는 것이 다양해 기술을 요하는 것이 많다는 김 씨는 "사람 사는 게 순식간에 바뀝디다. 요즘 사람들 모다 건강염려증에 걸린 것 같아유. 가지를 가지고 오지 않나, 표고버섯을 갖고 와서 튀겨달라고 하지 않나. 이 뻥튀기 기계가 무슨 요술기곈 줄 아나봐유." 옥수수와 쌀만 튀겼던 옛날이 편했다는 김 씨는 무말랭이, 당근, 돼지감자, 율피, 밤, 콩 등 건강에 좋다는 것은 다 갖고 나온다며 뻥튀기도 유행을 탄다고 했다. 처음에는 리어카에 장작나무와 뻥튀기 기계를 싣고 남편과 함께 시골 마을을 돌아다녔다고 한다. 남편을 도우며 어깨너머로 배운 일이 지금은 가족 생계를 위한 일이 되어버렸다며 일이 손에서 떠나지 않는다고 한다. 그 옛날 시

아산 둔포장, 2022

골 마을을 돌아다닐 때 낯선 사람을 따뜻하게 반겨주며, 한식구처럼 밥상을 차려주던 추억이 엊그제 같은데 이젠 할망구가 돼버렸다며 호탕하게 웃는다.

옛 둔포장은 싸전으로 유명했다. 요즘은 쌀밥보다 잡곡밥이 건강에 좋다는 온갖 정보가 넘쳐 쌀이 남아돈다. 1833년 일어났던 쌀폭동사건은 보릿고개를 대목 삼아 쌀값을 올리기 위해 싸전을 닫아버려 성난 군중이 싸전에 불을 지른 역사적인 사건이다. 싸전 주인이 욕심을 부리다 오히려 낭패를 당한 경우다. 장터에서 쌀은 삶이고, 밥 또한 삶이다. 밥 한술에 모든 행복이 숨어 있다는 것은 장꾼만이 누리는 비밀이라던 남 씨 할매의 목소리가 잊히지 않는다. 심지어 함께 어울려 밥 한술 먹는 재미에 장에 나오는 사람도 있다.

아산 둔포는 예전에 소금을 거래하던 곳으로 소금배들이 많이 드나들어 둔포란 이름을 가졌다. 대부분 낮은 산지로 이루어진 구릉지로 아산만과 삽교호를 연결한 넓은 평야에 지금도 쌀농사를 많이 짓는다. 삽교호가 생기면서 아산만 포구들이 넓은 땅이 되어 사람을 살리는 논밭이 되었다. 지금의 공세리성당은 옛날 충청도 일대에서 거둬들인 세곡을 저장하던 공세 창고가 있었던 공세곶 창고지로 3백 년 운영되었던 곳이다. 공세리성당에서 조금 내려오면 큰 돌담 밑으로 '아산 공세곶고지'를 비롯한 삼도해운판관비 등 선정비가 세워져 역사의 흔적이 고스란히 남아 있다.

공세리성당은 우리나라를 대표하는 가장 아름다운 성당으로 선정되어 영화, 드라마 촬영지로 유명하다. 또한 우리나라 최초로 고약을 만든 곳이다. 그 당시(1895년) 공세리성당에 부임한 프랑스 신부가 자신의 나라에서 익힌 방법으로 고약을 만들어 무료로 환자들에게 나눠줬다고 한다. 신부님과 함께 고약을 만들던 이명래가 비법을 전수받아 이명래고약이 탄생했다. 133년 역사를 품고 있는 공세리성당 자리도 옛날에는 바다였다.

아산은 이순신 장군에 대한 일화가 많아 '이순신 백의종군 길'이라는 둘레길을 조성했다. 이 길은 둔포 운선교에서 시작해 현충사 안에 있는 본가 고택까지 이르는 경로이다. 이순신 장군은 선조의 출정 명령을 어겼다는 이유로 의금부에 투옥됐다가 백의종군 명령을 받는다. 이 소식을 전해 들은 장군의 노모가 배를 타고 오다가 선상에서 운명하자 장군이 어머니의 시신을 맞이하며 오열했다는 바위가 게바위다. 옛날에는 게바위까지 강물이 흘러 배가 드나들었다. 이순신 장군과 그가 살던 시대는 흘러갔지만 역사는 남아 있다. 나도 한때 알 수 없는 어떤 힘을 받고 싶을 때면 광화문광장에 나가 장군의 동상 앞을 배회

게바위, 2022

하다가 마음이 단단해지면 돌아오곤 했다. 역사는 정신이다.

공세리성당 옆에는 350년 된 거목이 조용히 서서 성당을 내려다본다. 사람들 소원이 무거운지 느티나무 등골이 깊게 패였다. 아프다는 말 한마디 못하고 침묵으로 일관하는 거목에서 누군가의 얼굴이 보인다. 늘 똑같은 모습으로 겨울이면 온몸을 내보이며 하늘을 향해 두 팔을 벌리고, 봄이면 초록을 품어 하늘과 땅과 바다와 사람을 초대한다. 내가 거목에서 본 얼굴은 누구였을까.

국수와 국밥과 국화를 담은 삼국축제

-예산장

계절의 여왕 오월이면 어디론가 떠나고 싶다. 우연을 즐길 수 있는 것이 여행의 즐거움이다. 혼자 떠나는 여행은 부산스럽지 않아 좋다.

장항선 기차는 금요일이나 주말이 아니면 새벽에 예매해도 좌석이 남아 있다. 난 그날 아침 기분에 따라 장날을 찾아보고 기차를 예매한 후 용산역으로 달려가 기차를 탄다. 달력에 5일과 10일이 들어 있으면 예산장을 갈까, 판교장을 갈까 망설이다 국밥이 먹고 싶으면 예산장으로, 냉면이 먹고 싶으면 판교장으로 향한다. 예산장은 두어 시간 기차를 타면 갈 수 있는 곳이다.

창에 비친 풍경은 써레질한 논에 초록이 누워서 하늘을 보듬고 있다. 모심기 위해 써레질한 논으로 아카시아 향기가 번진다. 온갖 자연의 숨결이 어우러져 그림자놀이를 한다. 그 옆에 황새 한 마리가 먹이를 찾아 조용히 내려앉는다. 그 너머에는 예산 특산품 쪽파 밭에서 어매들이 작업을 하고 있다. 요즘 논은 논두렁 없이 경계만 있다. 어렸을 적 논두렁에 콩을 심고, 퐁당퐁당 건너뛰며 다녔던 기억이 새록새록 하다. 새참 때가 되면 마을 사람들은 논두렁에 앉아 된장에 풋고추를 찍어 막걸리를 달게 마셨다. 품앗이로 모를 심었기 때문에 해가 사그라질 때까지 일하고, 비 오는 날에도 비료 포대를 덮어쓰고 모를 심었었다. 지금도 고향을 생각하면 눈앞이 어슴푸레해진다. 언제나 고향은 내 영원한 안식처이고, 삶의 원동력이다.

예산은 평야와 산지가 만나는 들판과 낮은 구릉 및 산자락이 만나면서 농사와 축산업이 발달한 곳이다. 지금은 우시장이 없어졌지만 지금 난장이 서고 있는 곳에 전에 우시장이 섰다. 예산장은 일제강점기인 1926년 오일장이 개장해 오늘에 이르고 있다. 예전부터 예산장은 국밥과 국수로 유명하다. 얼큰한 국밥, 6 · 25전쟁 전부터 밀가루를 빻아 눌러 팔았던 국수는 1960년대부터 한집 두집 생겨나 지금도 국수를 사기 위해 예산장을 찾는

예산장, 2023

다. 또한 예산은 지역적인 먹거리와 볼거리인 국밥, 국수, 가을꽃인 국화를 더해 삼국이란 브랜드로 문화와 경제가 어우러지는 예산 삼국축제를 매해 가을에 개최한다. 예산장은 5일, 10일, 15일, 20일, 25일, 30일이면 열린다.

음식 맛에는 이야기가 들어 있다. 특히 장터국밥은 장터에 어울리는 이야기를 품고 있다. 너나없이 가난했던 세월을 우리 어매들 피와 땀으로 일구어온 사연과 함께 웅숭깊은 맛이 배어 있다. 장터국밥은 장꾼들의 허기를 달래주고, 설움을 달래주고, 하루치의 고단한 삶을 달래줬다. 추운 겨울 새벽부터 난전을 펼치다가 가마솥에서 피어오른 김이 올라가는 것만 봐도 몸이 따뜻해진다는 순창장의 남 씨 아짐이 생각난다. 장터 난장에 가마솥 두 개를 걸어놓고 장작불을 피우면 온 장터가 연기와 김으로 자욱하기도 하고, 고기 익어가는 누런 냄새는 장바닥을 질펀하게 휘감았었다.

요즘 예산장에 가면 예산 사람들 입에 가장 많이 오르내리는 이름은 방송인이자 사업가인 백종원이다. 예산이 고향인 백종원은 예산시장 안에 새로운 '먹거리 장옥'을 만들어 예산을 찾는 사람이 많다. 여기에 특산물인 사과, 꽈리고추, 쪽파 등이 예산을 더 특별하게 만든다. 요즘처럼 많은 사람이 찾아오는 것은 처음 있는 일이라며 백종원 칭찬으로 예산장이 들썩거린다. 먹거리 장옥에 들어서자 건물 공간부터 생소했다. 목조건물 처마 아래로 빛이 새어들어 따뜻한 분위기가 옛날 장터에 대한 추억몰이하기에 안성맞춤이다. 코로나 이후 이처럼 많은 사람이 삼삼오오 모여 다양한 먹거리로 행복해하는 모습을 오랜만에 본 것 같다. 먹거리 장옥에서 만난 정육점, 국수집, 중국집, 바베큐집, 닭볶음집, 골목양조장 등 백종원 씨가 개발한 메뉴들이 보인다. 옛날 소전 자리에 난장을 펼치고 있던 최영호(68세) 씨가 대뜸 "백종원이가 예산장을 살렸시유"라며 묘한 웃음을 짓는다.

온갖 곡물류를 파는 최 씨는 68년째 장사를 하고 있다. 최 씨는 "내가유. 열한 살에 아이스께기통 메고 장사했시유. 이십 리 길, 삼십 리 길 걸어댕김서 장사했지유. 나같이 오래 장사한 사람은 저절로 관상쟁이가 돼유. 척 보면 안단께유. 세상만사 자기 맴대로 사는 것 같지유. 아니지유. 그람유. 아니쥬" 하며 묘한 말들을 쏟아낸다. 발길을 돌려 예산장을 한눈에 내려다볼 수 있는 옥상으로 올라갔다.

옥상에서 내려다본 예산장터는 흰색, 파랑색, 주황색, 붉은색을 비롯해 다양한 색들의 차일과 파라솔 밑에 옷전, 채소전, 어물전, 건어물전, 과일전, 만물상전 등을 비롯해 세상

예산장, 2011

예산장에 가려면
장항선을 경유하는 기차를 타고 예산역(용산 -예산역 2시간 소요)에서 내린다. 예산장은 택시로 5분 이내, 버스는 10분. 예산역 맞은편에서 버스를 이용해 쌍송배기에서 내린다. 쌍송배기약국 쪽으로 내려가면 예산장이 보이고, 백종원 음식 거리도 나온다. 예산장에서 김정희 고택까지 택시로 15분 소요. 코로나 이후 버스가 자주 다니지 않아 택시를 이용하는 게 편리하다. 김정희 고택에서 600미터쯤 올라가면 김정희가 심었다는 백송도 만나볼 수 있다.

예산장, 2011

예산장, 2023

에 존재하는 모든 물건이 펼쳐져 사람과 만난다. 특히 파랑색 차일 밑에 어물전이 펼쳐져 생선이 더 싱싱해 보인다. 무엇보다 추창원(75세) 씨가 펼쳐놓은 골동품은 지붕 없이 펼쳐져 한눈에 보인다. 36년 동안 수집했다는 골동품을 진열하고 포장하는 데 세 시간씩 걸린다고 한다. 하루에 여섯 시간을 물건 펼치고 싸는 데 쓰고 있다. 추 씨는 구릿빛 엽전 같은 소리로 "좋아하는 일은 힘들지 않아유. 온양온천장도 가는데유. 어르신들이 장에 오면 나한테 먼저 와유. 옛날 물건 구경시켜준다며 고맙다는 사람도 있지유. 보물처럼 숨겨논 물건 가져와서 슬쩍 보여주고, 얼마냐 물어들 봐유. 골동품은 좋아하는 마음이 먼저예유"라며 하나씩 하나씩 정성 들여 포장한다.

3대째 국밥집을 운영하고 있는 윤순희(78세) 할매는 60년 전통을 지키면서 지금도 장터국밥을 만든다. 시어머니가 하던 국밥집을 물려받아 지금은 며느리가 전승하고 있다. 윤 씨 할매가 잊어버릴 수 없는 기억을 이야기하는데, 영화 속 한 장면처럼 눈 앞에 펼쳐진다. 지금이야 매일 문을 열지만 2010년 예산장을 찾았을 때만 해도 장날 하루 전과 장날만 장사했었다. 처음에는 장날만 가마솥에 장작불을 때가며 국밥을 팔았다고 한다. 지

예산장, 2011

예산장, 2023

예산장, 2011

예산장, 2011

금은 멍때리기 유행으로 '불멍'을 한다며 일부러 장작불을 피우는데 참으로 격세지감이 든다.

윤 씨 할매는 "옛날에는 의자에서 한 사람이 일어나면 다른 한 사람이 넘어져버렸시유. 의자가 길게 앉은뱅이로 놓여 있었지유. 처음 국밥집 할 때 이루 말할 수 없는 고생은 시어머니가 다 하셨지유. 장날만 여니께 사람들이 많아 북새통이었어유. 아주 추운 날이면 위에는 냉기가 가득했시유. 생각해보셔유. 가마솥에서 끓고 있는 따뜻한 김이 위로 올라가니까 비 오는 것처럼 수증기가 떨어지쥬. 손님들한테 신문지 나눠주면 그것을 머리에 얹고 아따! 시원타, 아따 맛나다 하면서 불평 하나 없이 국밥을 먹었시유. 난장에서 발 시렵고, 손 시렵고 갖은 고생을 했지만 지금 생각하면 그때가 좋았시유." 신문지를 덮어쓰고 국밥을 먹던 그때 그 사람들은 모두 어디에 있을까.

고향에는 어머니 같은 포근함이 숨어 있다. 고향을 생각하면 철 따라 바뀌는 냄새, 맛, 색이 떠오른다, 그래서 누구든 고향에 대한 향수를 느끼며 산다. 니콜라스 마티스(Nicholas Matisse)는 향수는 "식탁에 음식을 차리는 요리사와 같다. 음식은 같은 재료로 만들지만 한번도 똑같은 적이 없다"고 말하고 있다. 고향의 맛이 바로 그렇다.

예당호 출렁다리로 유명한
-예산역전장

시골에서 역은 그 지방의 뼈대이며 핏줄이다. 또한 사방에서 모여드는 사람들로 인해 서로 어우러진 삶이 꿈틀거린다. 장사하는 사람들이 자연스럽게 모여들고, 물건의 거래가 저절로 이루어져 흥청거린다. 장날이면 농산물을 이거나 지고 나온 보따리가 먼저 역 앞에 도착한다. 장으로 가려던 사람들은 역 앞에서 만난 중간상인과 몇 마디 말을 주고받다가 사고파는 일이 이루어져 굳이 장에 가지 않아도 역 앞에서 흥정이 끝나버린다. 역 앞은 어떤 이에게 그리움일 수도 있으며, 오지 않는 친구를, 사랑하는 이를 기다리는 만남의 광장이다.

예산역에 내리면 예당저수지를 연상시키는 푸른 유리타워가 반긴다. 예산역은 백 년의 역사를 지니고 있다. 또한 몇 발자국 앞으로 나가면 예산역전장이 펼쳐진다. 끝자리가 3일과 8일인 날이면 역 앞에 예산 명물인 사과와 각종 농수산물이 사람들을 유혹한다. 예산역은 1922년 장항선 역으로 개설되어 지금에 이른다. 장항선 철도로 인해 아산이나 서산, 홍성으로 연결되는 교통의 중심지 역할을 함으로써 물류 이동이 원활하고, 유동 인구가 많은 예산역 광장에 자연스럽게 오일장이 들어섰다.

이 지역 사람들은 장항선 특유의 느림과 기다림의 감성을 그대로 지니고 있어 절대 서두르는 법이 없다. 물건을 사고팔 때도, 흥정할 때도, 느릿느릿 큰 다툼없이 이내 한쪽이 양보해 싱겁게 거래가 끝나버린다. 서해안고속도로가 생기고, 서해안 개발사업이 활발하게 벌어지면서 수도권 사람들이 하나둘 이곳에 들어와 살면서 예전 그 느릿함이 많이 줄어들긴 했다. 그러나 여전히 느리고 구수한 말씨는 충청도 양반마을을 생각하게 한다.

장꾼들이 쌓아올린 공든 탑은 무너질수록 운수가 좋은 날이다. 파장 무렵까지 팔리지 않는 물건이 그대로 있으면 장꾼 얼굴 보는 게 힘들다. "이게 장꾼들 삶인데 어쩌겠습니까. 내일 장에서는 팔리겠지 하는 희망이 있어 다행이지유"라는 강 씨 아재를 보면서 일

예산역전장, 2012

예산역전장, 2012

남
광어 우럭
낙지 꽃게
쭈꾸미
매
010-2338-3373
주문
수
배달

상을 살아내는 데 수많은 인내가 필요하다는 것을 느낀다. 강원도 대화장에서 만난 아재는 네 시간을 진열하고 장사는 두어 시간 하고, 다시 거두어들이는 데 세 시간이 걸린다며, 장돌뱅이는 난전을 피고 거두는 게 일상이라며 웃어넘겼었다.

11년 전 역전장은 서해가 가까워 농산물보다는 수산물 파는 곳이 많았다. 새벽녘 장 펼치는 모습을 보면 삶이 일어선다. 영하의 날씨에도 불구하고, 분주하게 움직이는 장꾼들의 삶은 특별한 하루가 아닌 일상이다. 서 씨 아짐이 낙지와 문어를 빨간 고무통에 집어넣자 문어가 꾸물꾸물 통 밖으로 기어나온다. 줄지어 서 있는 고무통에 들어 있는 온갖 수산물들이 꿈틀거리는 모양새가 출렁거리는 파도 같다. 가물치 한 마리가 뒤뚱거리는 모습은 파장 무렵 술 취한 할배 같다,

새벽을 여는 장꾼들은 추위에 맞서는 투사처럼 보인다. 손발을 녹이기 위해 연탄 화덕을 대여하는 사람들, 장작불 옆에서 모자 위에 모자를 쓰고, 목도리를 하고, 장갑을 끼고, 이야기를 나누는 사람들, 리어카에 시금치와 엄마를 싣고 나온 전계천 아재, 허름한 창고에서 국밥을 준비하는 이홍란 아짐, 난전을 펼치다가 이른 아침을 먹는 장꾼 등이 있다. 이른 새벽 장을 여는 사람들 숨소리가 거칠다.

예산은 내포 지역의 붉은 황토에서 자란 사과로 유명하다. 66년 장사했다는 이일영(86세) 할매는 사과농장을 직접 운영한다. 할매 이야기를 듣느라 장바닥에 철퍼덕 주저앉아 맞장구를 쳐가며 두어 시간을 보냈다. 할매가 무용담을 사실보다 더 실감 나게 얘기해 실제로 내가 호랑이를 본 느낌이 들었다. 호랑이굴과 토끼굴이 다르다며 젊었을 때 산에서 호랑이를 만났다는데 맞장구는 쳐주었지만 믿어야 할지 의아스럽다. 할매는 스무 살에 시집와서 집안 형편이 좋지 않아 장삿길로 들어섰다며, 사과 농사가 점점 힘들다고 하소연한다.

“내가 쥐띠여유. 그래서 그런가 초저녁에 먹을 것을 잔뜩 물어다놓은 쥐처럼 이른 시간에 잠을 자유. 그런께 새벽 일찍 산에 올라 장에 내다팔 것을 만들쥬. 새벽부터 산에 다닌다고 동네 사람들이 미쳤다고 해유. 날마다 산에 다닌 덕에 아직꺼정 병원 신세는 안 져봤시유. 건강도 얻고, 돈도 사고, 일거양득 아닌감유.” 주름진 얼굴로 볼따구니를 손으로 받친 채 고개를 기울이는 할매 얼굴이 요즘 장터 사정을 대신 말해준다. 할매는 자신의 한 생애를 다한 듯 입으로 하는 말보다 눈빛으로, 낯빛으로, 손짓으로, 발짓으로, 몸짓으로

예산역전장, 2012

예산역전장, 2022

예산역전장에 가려면

예산역전장은 3일, 8일, 13일, 18일, 23일, 28일 장이 열린다. 장항선 기차를 타고 예산역(용산-예산역 2시간 소요)에 내려 출구로 나오면 곧바로 예산역전장이 펼쳐진다. 예당저수지 출렁다리는 예산역 앞 버스정류장에서 예당호 가는 버스를 타고 예당휴게소에서 내리면 보인다. 출렁다리를 건너면 5.2킬로미터의 나무데크로 된 산책로가 조성되어 물 위를 걷는 느낌이다. 또한 예당호 출렁다리 배경으로 포토존이 있어 추억을 남길 수 있다. '의좋은 형제 공원'은 예당저수지에서 가까이 있어 함께 둘러보면 좋다. 황토밭과 햇빛에서 농익은 예산 사과, 장터국밥, 예산국수가 특산품이다.

예산역전장, 2011

예산역전장, 2012

말했다. 차마 버리지 못하고 썩은 부분을 도려낸 사과 두 알과 다듬은 쪽파 몇 뿌리가 빨간 플라스틱 함지에 담겨져 있었다. 장터에서는 모든 게 소중하다.

이 씨 할매가 준 밤알을 굴리며 역앞 버스정류장으로 갔다. 예당저수지 가는 버스를 기다리고 있는데 장을 보고 집으로 돌아가는 어르신들이 많다. 버스 시간표를 보고 있는 내게 대흥면에 산다는 유 씨 아재가 '의좋은 형제 공원'이 있다며 가보라고 추천한다. 그런데 벚꽃이 그려진 꽃무늬 블라우스 위에 보라색 점퍼를 입은 아짐이 "예당저수지 출렁다리가 우리나라서 젤 크다고 허드만유. 여기서도 가깝고 볼만 해유. 글그유. 그 넓은 저수지를 뼁 둘러 둘레길도 만들었시유. 고기가 잘 잡히는지 사시사철 낚시하러 많이들 와유"라고 한다. 서로 자기 동네 자랑하다가 예당저수지 가는 버스가 도착하자 우르르 버스 문 쪽으로 몰려간다.

난 유난히 물을 좋아한다. 온종일 사각사각 물끼리 몸을 부비는 소리는 어떤 음악보다 아름답다. 예당저수지 옆에서 감나무 한 그루가 물이 서로 부비는 소리를 열심히 듣고 있

예산역전장, 2022

다. 나도 덩달아 귀를 기울여 물방울이 마주치는 소리, 햇빛이 조용히 물 위에 내려앉는 소리를 주렁주렁 매달린 감과 함께 들었다. 찻잔 위에서 시간이 우러나듯, 물끼리 서로 부비는 시간이 감을 살찌운다. 모든 소리는 마주침에서 일어난다. 그렇다면 사람과 사람의 마주침에서 일어나는 생기(生氣)는 어떤 모양을 지녔을까. 카톡이나 에스엔에스 대신 오늘은 친구 얼굴을 마주보며 마음껏 하늘을 향해 웃어보자.

살아 있는 보부상의 역사
-예산 덕산장

기차 창밖을 통해 바라보는 11월 초 들녘과 가로수길이 온통 붉다. 마치 사그라져가는 시골장 같다. 그러나 들녘에 서 있는 나무는 다시 일어선다. 봄이면 새순을 달고 나와 순환을 반복하면서 매년 같은 모습으로 서 있지만, 장터는 있던 난전마저 하나둘씩 사라지고 있다. 사람들로 넘쳐나던 옛 장터는 오래된 장꾼들의 기억 속에만 존재할 뿐이다. 농민들의 복합문화공간이었던 장터 공간이 창고로, 주차장으로 쓰이고 있다.

온천 관광지로 유명한 덕산은 내포 신도시 때문에 인구가 증가하면서 활기를 띠고 있지만 그 물결이 장터까지 흐르진 않는다. 덕산장은 마지막 보부상이었던 유진룡이 안주했던 곳이다. 굶주림에 시달린 백성들이 곡물을 이고 나와 소금과 바꾸고, 필요한 물건을 바꾸는 물물교환으로 시작된 장터다. 덕산장이 개장한 해에 우리나라 최초로 경복궁에 전깃불이 들어와 신세계가 펼쳐졌다. 덕산온천에 대한 전설은 이율곡 선생의 『충보』에 자세히 적혀 있다. 어느 날 다리에 상처를 입은 학 한 마리가 논 한가운데서 날아가지 못하고 있었다. 그런데 상처가 난 다리에 논물을 찍어 바른 뒤 3일 후 날아갔다고 한다. 논물이 바로 온천수였던 것이다. 덕산온천은 1917년 일본인에 의해 개장되어, 그 당시 기적의 치료제라는 소문으로 예산의 대표적인 관광지가 되었다.

인공지능도 시골장에서 느끼는 사람들 표정, 사람들 감정, 사람과 사람이 나누는 정은 표현하지 못할 것 같다. 장터 안과 밖을 사람들이 갖고 나온 감과 호박, 밤, 콩, 모과 등, 오만가지 농산물과 수산물이 흘러왔을 길을 되짚어본다. 덕산면 읍내리에 사는 박선주(79세) 아짐은 "나 같은 농사꾼은 호미에 인생을 걸어유. 호미자락 끝에 곡식이 달렸다고 생각허지유. 흙이 다 내 맴을 안당게유. 콩허고 호박이 저절로 된기 아니쥬." 농사일하면서 40년째 장사를 해온 박 씨 아짐은 같은 땅에서 키운 농작물이라도 해마다 다르다며 검붉은 얼굴을 모자 속으로 감춘다.

예산 덕산장, 2022

alton
T 338-2527
alton
여성전용
I LOVE
CLEAN

예산 덕산장, 2022

예산 덕산장에 가려면
장항선을 타고 예산역(2시간 소요)에 내려, 예산역 앞 버스정류장에서 500번 버스(40분 소요) 이용.(택시 15분-20분 소요) 버스는 삽교역에서 한참 서 있다가 농촌 마을을 지나 덕산으로 향한다. 덕산성당 앞에서 내리면 장터가 보인다. 덕산장에서 내포보부상촌은 택시(5분 소요), 느리게 걸으면 20-30여 분 걸린다. 내포보부상촌에서 10여 분 걸으면 윤봉길 의사 기념관이 나오고, 조금 더 내려가면 윤 의사 생가가 보인다.

한 할머니가 유모차를 밀며 굼벵이처럼 느린 걸음으로 장터 안으로 들어온다. 오가면에서 왔다는 박 씨(78세) 할매가 밤과 고구마, 구지뽕을 펼쳐놓은 할매 옆에 엉거주춤 자리를 잡는다. 작은 포대를 펼치고 상추 한 그릇과 호박 한 덩이를 올려놓자 난전 하나가 떡하니 차려진다. 빨간 플라스틱 함지에 누워 있는 상추는 할매 손처럼 파리해 보인다. 옆에 길게 누워 있는 호박은 고독한 도시 사람 같다. "늦게 나오셨네요"라고 인사를 건네자 "갑갑해서 그냥 왔시유" 한다. 더 이상 말이 필요 없다. 특유의 충청도 사람이 하는 말, '냅둬유' 하면 그만이듯 진한 핑크색 점퍼 안으로 두 손을 넣더니 내 눈을 피한다. 핑크색 앞에 초록이라니, 하얀 포대 위에 올려진 농산물이 빈약해 보인다. 도시 속 이방인 같다. 그럼에도 사람들이 모여들어 아름다운 곳이 장터 아니던가. 어디 그뿐인가. 손끝에 만져지는 오만가지 농산물의 도톰한 감촉까지 맛보게 된다. 그리고 장에서 삶을 배운다. 이 정도면 장터에서 횡재하는 사람은 분명히 나다. 장터는 물건을 사고 파는 곳이지만 나는 삶을 배우기도 한다.

덕산장 터줏대감인 고봉태랑(83세) 할배는 재봉틀 하나로 반평생을 장에서 살아왔다. 이름이 특이하다는 내게 왜정 때 쓰던 이름인데 바꾸지 못해 지금까지 쓰고 있다며 미소를 지었다. 11년 전 삽교장에서 뵈었었는데 지금은 덕산장만 다닌다고 했다. 재봉틀이 귀할 때 장만한 탓인지 친구 같다는 할배는 "요 재봉틀이 우리 집 재산목록 1호유. 재봉틀 하나로 식구들 먹여 살리고, 자식들 가르쳤으니 젤 귀한 거쥬. 올해로 재봉틀 산 지 오십 년 됐시유. 장날이 아닌 무식날에도 한 번씩 돌려봐유. 요놈한테 이상 있으면 내가 출입을 못허잖아유. 요즘은 재봉틀하고 얘기도 해유. 아직꺼정 내 옆에 있어 줘서 고맙다, 나 일허게 해줘서 고맙다. 근디유. 말 없는 요놈도 지한테 잘허는 것은 알드만유."

장터 수선집에는 동네 사랑방처럼 사람들이 모여든다. 옆에서 이야기를 듣고 있던 김순택(81세) 할배가 구두를 내놓자 대뜸 "또 고쳐유. 발바닥 아플 틴디, 그만 신어유." 삽교역리에서 일부러 왔다는 김 씨는 "안사람이 큰맘 묵고 사준 구두유. 안사람 생각허면 버릴 수가 없구먼유"라고 한다. 이들의 실랑이를 한참 듣다가 중재를 했다. 재봉틀이 돌아가자 주변에 있던 사람들 따뜻한 웃음소리에 놀란 바람이 장터 뒤쪽으로 빠져나간다. 장에 나온 사람들 이야기를 듣다보면 몇십 년, 혹은 그보다 훨씬 많은 시간이 흘러도 변하지 않는 것은 사람에 대한 지극한 정이다. 마음에서 우러나오는 정이 우리 삶을 영속시키는

예산 덕산장, 2022

예산 덕산장, 2022

예산 덕산장, 2022

윤봉길 의사 사적지, 2022

다. 그의 구술서에는 흑역사로 남길 수밖에 없었던 보부상의 전모가 상세히 밝혀져 있다.

내포보부상촌에 들어가 보부상 후예들이 새로운 길을 내며 걸어가는 모습을 머릿속에 그려봤다. 정보화시대에 핸드폰 하나면 세상에 나와 있는 모든 물건을 살 수 있는 시대에 살고 있다. 세상이 자본주의와 문명화 시대라고 하지만 우리 선조들이 길 위에 삶을 부리며 살아온 발자취는 기억해야 한다. 내포보부상촌을 나오면서 보부상들의 삶을 더듬거리며 걸었더니 독립투사 윤봉길 의사 기념관이 보였다. 기념관에 들어가 묵념을 하고 유품과 보물 등이 전시돼 있는 것을 하나하나 들여다봤다. 스물다섯 젊은 나이에 독립을 위해 산화한 영원한 청년 윤봉길 의사의 짧은 삶을 마음에 담았다. 그리고 '부모는 자식의 소우주가 아니요, 자식은 부모의 소유물이 아니다'는 귀한 말씀에 발걸음이 멈춘다.

기념관 외벽에는 거리테마전이 열려 윤봉길 의사를 포함한 48인의 독립운동가들의 정신이 색실로 한땀 한땀 수놓듯이 새겨져 전시돼 있다. 낙엽이 손님으로 초대된 듯 살포시 내려앉는다. 마치 그들을 기억하기 위해 모인 사람들 같다. 자연에도 얼굴이 있다.

홍주의병 최초 발원지
-예산 광시장

광시장에 들어서자 '뻥' 소리와 함께 놀란 뭉게구름이 사람들 모습을 지운다. 지상으로 내려가는 구름 사이로 귀를 막는 할매가 보이고, 보따리를 싸는 할매가 보이고, 무심하게 앉아 있는 사람들 모습이 차츰 드러난다. 설 명절을 맞아 뻥튀기하는 사람들로 장사진이다. 관음리 관음동에서 콩을 갖고 나온 강계복(80세) 할매는 콩강정을 만들어 도시에 있는 자식들 나눠준다며 볶은 콩을 한 줌 쥐여준다. 광시장에서 뻥튀기하는 이 씨(55세)는 할매들에게 인기가 그야말로 짱이다. "할매들이 어디서 정보를 얻는지 몸에 좋다는 것을 모조리 말려 갖고 오는 바람에 기계가 몸살을 앓는다니까요? 척척박사가 너무 많아 탈이여유." 11년 전에는 뻥튀기 기계 세 대로 형제가 함께했었는데 요즘은 혼자서 하고 있다. 혼자 두 대를 가동해 허리 펼 시간도 없는 것 같아 조용히 자리를 벗어났다.

간식거리가 흔하지 않던 시절에 가장 손쉬운 군것질거리가 곡식 낱알을 몇 배로 불려놓은 뻥튀기였다. 어렸을 적, 벽장에 숨겨놓은 튀밥을 큰 양푼에 담아 따뜻한 아랫목에 앉아 먹곤 했다. 그때 말없이 손등을 부딪쳐가며 바쁘게 움직이는 것은 손과 입이었다. 작은 손바닥에 가득 움켜쥐고 입에 털어넣던 막냇동생이 기침을 하자 온 방바닥에 튀밥이 내려앉자 초가지붕 아래 모여앉은 식구들 웃음소리가 봉창문을 열고 뒷동산으로 빠져나갔다. 지금도 내 고향 초가집 마당을 생각하면 말할 수 없는 그리움에 사무친다. 그리고 내 고향 언저리 장터에서 뻥튀기 소리에 놀란 박 씨 할매가 하던 하소연이 생각난다. "와따메, 귀때기가 떨어져불라그요." 지금도 여전히 뻥튀기 장수 앞에 이름표가 담긴 둥그런 깡통을 줄 세워 장터 바닥을 쥐락펴락하는 여인네들이 앉아 세상 돌아가는 이야기를 한다. 최첨단 인공지능(AI)도 우리 엄마들 이야기를 번역하는 것은 쉬운 일이 아닐 성싶다.

광시장을 둘러보니 세 할매가 둥그렇게 앉아 이른 점심을 하고 있었다. 지팡이를 짚고 장 보러 나온 강 씨 할매를 아는 척한 박 씨(80세)는 "한동안 보이지 않으면 지팡이 아니

예산 광시장터, 2023

예산 광시장에 가려면

장항선을 이용해 예산역(용산-예산역 2시간 소요)에서 내린다. 예산역 앞 버스정류장에서 광시 가는 311번 버스(40분 소요)가 시간마다 있으며, 토요일. 일요일 10시 10분 차는 운행하지 않는다. 황새공원은 광시장 인근에 있어 택시 15분 이내이며, 보도로 30여 분 소요. 느리게 걸으며 농촌 마을과 들판 풍경에 취해보는 경험을 권하고 싶다.

예산 광시장터, 2012

대가 한우암소 정육점
T.333-8161-2 H.P 010-8806-9187
(주) 예당전기
황금마차
지하
332-5880
가

면 휠체어 타고 장에 와유. 요양원 갔다는 소식도 들리고, 늙으면 반송장 된다는 말이 맞아유. 이 장시가 내를 살린다 생각허쥬. 예산장, 홍성장은 기차 타고 댕겨유. 하루 쉬는 날은 병원에도 가고, 장에 내다팔 물건도 장만허고, 바쁘게 사니께 좋아유. 대목장인디 심심허쥬. 요즘은 할망구들도 마트 다닌께유. 장이 한가해유." 할매들이 밥상을 놓고 둘러앉아 텅 빈 장터를 채운다. 들어주는 사람이 없는 박 씨 할매의 넋두리가 내 발걸음을 붙잡는다.

광시장 장옥에는 식료품과 농촌에서 쓰는 공구들만이 펼쳐져 있다. 장터 주변은 폐허처럼 낡은 것들이 쇠락하면서 사라지고 있다. 한때 우시장이 성황을 이뤘던 장이다. 농사지으며 대대로 살아온 농민들은 2-30리 되는 장나들이가 전부였기 때문에 장에 나와 농사의 고달픔도, 가난의 시름도, 속 깊은 근심을 풀어낸다. 우시장 흔적을 더듬기 위해 장터 안팎을 살펴보는데, 눈에 보이는 것은 고장난 경운기와 쓰러져가는 가옥뿐이다. 왜 우린 옛것을 모두 흔적도 없이 지우려 하는지 모르겠다. 옛것을 토대로 그것을 변화시켜 새것을 만들어가라는 옛 성현의 말씀이 무색할 정도다.

예산 광시장터, 2023

예산 광시장터, 2023

우리나라 장은 사통팔달로 열려 있다. 광시면사무소 올라가는 길목에서 46년째 이 씨(78세)와 서 씨(75세) 노부부가 만물상 대종상회를 운영해오고 있다. 한때 우시장이 번창했고, 장터 주변에 색싯집이 많았다는데 요즘은 목화솜이 물에 잠기듯 힘이 빠져버렸다. 설 대목장은 장꾼들에게 가장 큰 장으로 온 식구가 출동해 장사를 도와야 했던 시절이 있었다. 특히 만물상은 몰려드는 사람들로 북새통이었다. 요즘은 농촌에 사람이 귀해 혼자 장사해도 한가하다는 이 씨 할배다. “세상 흘러가는 대로 따라가야겠죠. 우리같이 평생 장사만 하고 살았던 사람은 안 된다고 접을 수도 없시유. 안사람이 자꾸 그만하자고 허는디 쉽지 않구먼유.”

광시장은 일제강점기인 1925년 문을 열어, 매월 3일과 8일이 들어간 날이면 장이 선다. 광시는 대흥과 홍성, 광천을 잇는 중요한 길목으로 광천장 상인들의 활동이 많았다. 1980년까지 백월탄광이 운영되고, 우시장이 열린 큰 장이었다. 그런데 우시장이 없어지고, 탄광까지 문을 닫자 점점 쇠락의 길로 접어들었다. 2000년대 들어 한우타운이 조성되면서

예산 광시장터, 2023

예산 광시장터, 2023

다시 활기를 띠고 있다. 지역농산물과 채소, 과일, 인근 서해에서 잡아온 해산물 등이 난전을 펼친다.

우리나라 사람들은 사람과 사람과의 관계보다 자연과 밀접한 생활 속에서 살아왔다. 특히 농촌은 자연과 동화해서 자연 속에서 보내는 시간이 많았다. 그래서 농민들에겐 사람들이 모일 수 있는 중심지가 없었다. 반면 서양의 도시는 반드시 광장이란 중심지를 복판에 두고, 길이 사방으로 연결돼 있다. 서양 도시의 중심이 광장이듯, 농민의 중심지는 장터 마당이다. 오일장은 그 지역 삶의 축소판으로 사교나 오락, 정치적 기능, 농촌계몽 역할을 함으로써 농민 생활에 많은 영향을 미쳤다. 장은 한 시대를 비추는 거울이다. 일제강점기에는 독립운동을 위한 정치적 집회 장소로 독립만세를 부르던 곳이 장터였다.

광시장 뒤쪽으로 조금 올라가면 광시면 행복복지센터가 있다. 어느 지역이나 향교 앞이나 면사무소에 가면 선정비와 공덕비가 있다. 광시면에는 '광시의병 봉기지' 기념비가 당당하게 서 있다. 117년 전 '광시장터'에 의병들이 몰려들었다. 그 당시 주변 지역과 결집하여 홍주성을 점령하는 데 큰 성과를 올렸지만 많은 의병이 희생됐다. 이때 발생한 홍주의병의 정신이 훗날 독립운동의 도화선이 되어 큰 영향을 미쳤다. 나라의 주권을 되찾기 위해 의병들이 사방에서 모여들어 첫 봉기지로 투쟁한 곳이 광시장터다.

광시장터에 세워진 기념비는 '홍주의병'이 첫 깃발을 올린 장소를 기념하고, 의병 정신을 알리기 위해 예산시민연대와 예산역사연구소에서 세웠다. 우리나라에서 최초 의병이 광시장에 모였다는 것은 역사적 의미가 크다. 역사는 수레바퀴와 같다. 우리 민족은 가난한 삶 때문에 자기 스스로를 지키는 법을 모른다. 그럼에도 불구하고 나라가 위기에 처하자 힘 없는 백성들이 각지에서 모여들어 의병을 일으켰다. 민중이 역사라는 사실을 '광시의병 봉기지'는 말하고 있다.

광시장을 뒤로하고 뻥튀기 집에서 만난 강 씨 할매가 일러준 황새공원을 찾아갔다. 황새는 세계적으로 3천 마리 남아 있는 희귀한 물새로 이곳에서만 볼 수 있는 천연기념물이다. 특히 황새마을에서는 황새가 논에서 노니는 모습을 볼 수 있으며, 새끼를 번식하고 돌보는 모습을 관찰할 수 있는 우리나라에 하나밖에 없는 곳이다. 모든 것이 자연에서 비롯되어 자연으로 돌아가듯, 황새도 자연 정착을 위해 자연으로 돌려보내고 있다.

오일장의 주인은 농민이다
-예산 고덕장

장날의 주인은 농민이다. 서로 간의 정과 넉넉한 인심만으로 장터을 가득 메울 수 있다. 장날은 촌놈 생일이다. 장에는 열린 판이 있다. 그것은 마음을 일으켜 세우는 흥이자 신명이다. 또한 그들만이 만들어낸 민속문화는 우리 과거를 돌이켜보는 데 더없이 소중한 문화유산이다. 장터는 당대의 생활상이 진열된 창이며, 경제와 생활문화를 들여다보는 쇼윈도다. 장터를 통해 어부는 산나물 맛을 볼 수 있었고, 두메산골에 사는 농부는 생선 맛을 알게 됐다. 요즘은 시공간을 뛰어넘어 전 세계의 물건을 원하는 시간에 살 수 있는 시대에 살고 있다. 덕분에 농촌 마을과 역동적인 시간으로 가득 찼던 오일장이 사라져가고 있다. 온갖 자연의 냄새, 세월이 쌓인 냄새, 계절마다의 냄새가 묻히고 있다.

1980년대까지만 해도 농촌에서 가장 쉽게 돈을 만질 수 있었던 것 중의 하나가 쌀이었다. 쌀은 늦가을 수확철에는 쌀값이 내려갔다가 보리가 나기 전부터 크게 올랐다. 쌀은 농민이나 상인들이 돈을 쥐어볼 수 있는 중요한 상품이었다. 그런데 지금은 쌀보다 콩과 보리 등을 많이 찾는다. 시골 안방까지 텔레비전이 보급되고 건강 열풍이 불자 쌀이 밥상에서 밀려났다. 봄이면 들에 피어 있는 이팝꽃을 바라보며 "나무가 쌀밥을 많이 먹어 풍년이 오겠구나"라며 곰방대를 빨던 동네 어르신의 헛헛한 모습이 떠오른다. 이 지역 최고 특산품은 예당호 맑은 물과 기름진 땅에서 수확한 황금쌀이다.

고덕장은 고덕소방서 앞, 장옥을 중심으로 고덕면 대천리에 3일과 8일 난장이 열리는 오일장이다. 지역특산물로 꽈리고추와 황금쌀, 고덕 사과가 유명하다. 고덕은 예산의 서북부 지역의 전형적인 농촌 마을로, 넓고 비옥한 예당평야의 중심부에 자리하고 있다. 55년째 고덕철물점을 운영해온 복광순(75세) 씨를 만나 고덕장의 흥망성쇠를 듣는데, 코로나 이후 장터가 많이 변했음을 실감하게 된다. "지가유. 육십육 년에 고덕에 왔시유. 어르신들이 그러는디 고덕장이 왜정 때부터 있었대유. 일본놈들이 시장을 만들어 우리 땅에

예산 고덕장, 2023

고덕장에 가려면

장항선을 이용해 예산역(2시간 소요)에서 하차. 예산역에서 오른쪽으로 150미터 걸으면 버스정류장이다. 이곳에서 고덕 가는 버스를 이용하면 50여 분 걸린다. 토요일. 일요일 10시 10분 차는 운행하지 않고 매시간 있는 편이다. 고덕에서 찾아볼 문화유적지는 오추리에 정동호 가옥이 있고, 석곡1리에 석곡리 석탑과 미륵탑이 있다.

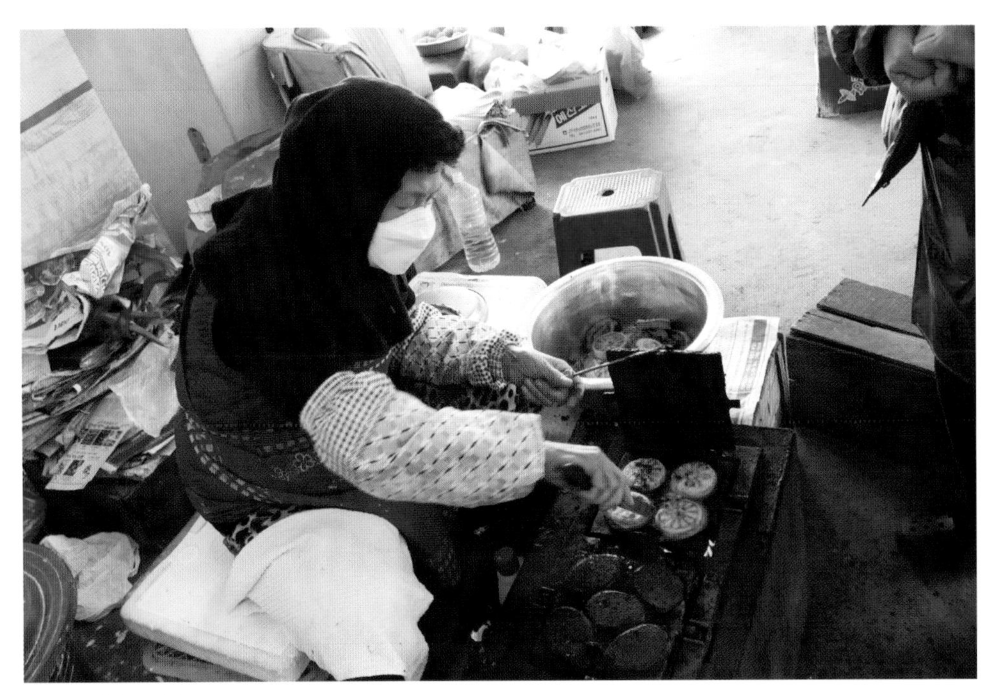

예산 고덕장, 2023

예산 고덕장, 2023

서 나고, 만든 것들을 공출해갔다고 허드먼유. 쌀부터 시작해 곡물이란 곡물은 모다 걷어가고, 심지어는 칡과 왕골까지 걷어갔대유. 여그 장도 이십오 년 전까지 우시장이 있었시유. 소값 알아본다고 타지역에서도 많이들 왔지유. 그때가 장다웠어유. 그런데 그 반토막에 반토막도 안 되던 장이 코로나 이후 장꾼도 몇 사람 나오지 않아유. 단골 없는 장사꾼은 개시도 못하고 가유."

고덕장과 덕산장에서 풀빵을 굽는 이경숙(74세) 아짐은 49년째 장에 나오고 있다. 스물다섯 살 때부터 시작한 풀빵을 지금도 똑같은 재료로 굽고 있다. 직접 농사지은 팥을 쓰고, 반죽도 직접 빚는다. 빵틀을 다섯 번이나 바꿨다는 아짐에게 인사를 드리자 꼬챙이에 풀방 하나를 찍어 말없이 내민다. 여전히 맛있다. 10년 전이나 지금이나 풀빵 네 개에 천원이다. 옆에 앉아 야금야금 뜯어먹으면서 이야기를 하다보니, 세상은 풀빵 굽는 아짐이 움직이고 있다는 생각이 든다. 꼬챙이 하나로 풀빵을 돌리고 돌려, 자식들 훌륭하게 키워냈다. 풀빵 하나라도 나누면 마음이 따뜻해진다는 이 씨 아짐을 뒤로하고 발길을 돌렸다.

설 대목장인데도 사람이 많지 않다. 생선 사는 사람과 대파 사는 사람만 있을 뿐 다른 곳은 조용하다. 장옥 밖에는 트럭 가득 옛날 사탕과 과자로 탑을 쌓아놓았다. 그런데 난데없는 조화가 트럭 앞을 장식하고 있다. 설날이나 추석 때 조화를 판다는 전 씨(76세)는 50년째 장돌뱅이다. "단골손님이 조화를 부탁해 갖고 왔는데 제법 팔리더라구요. 이게 다 장례문화가 무덤에서 납골당으로 변해섭니다. 몇 년째 추석 때와 설 명절 때만 팔아요. 그런디요, 10년 전만 해도 난전에 사람이 많았는데 지금은 손가락으로 사람을 센다니까요? 나 같은 장돌뱅이가 안 오면 이 장도 없어질 판입니다." 전 씨 아재가 하는 말은 면장에 갈 때마다 늘상 듣는다. 장꾼이 내뱉는 한숨 소리에 발걸음이 짓눌러 한참을 주변에서 서성거렸다.

온갖 현란한 색의 조화를 보는데 조금은 낯설다. 아니다. 이런 묘한 촌스러움이 시골장의 매력이다. '남이 장에 간다고 한복을 곱게 차려입은 시골 영감이 씨오쟁이 짊어지고 장에 가는' 꼴이다. 불과 몇십 년 전까지만 해도 조화가 놓인 자리에 사람들이 겹겹이 얽히고설켜 이야기꽃을 피워냈을 것 아닌가. 인공지능 시스템 안에서 생활하는 요즘, 사람만이 보고 느낄 수 있는 촌스러운 아름다움이 장터에 있다.

10년 전, 봉산면에 사는 김명옥 아짐은 영감님이 운전하는 트랙터를 타고 장에 나왔다.

장옥 예산 고덕장, 2023

트랙터 앞에는 장에 내다팔 보따리와 손수레가 실려 있었다. 직접 농사지은 것을 갖고 오기 때문에 기다리는 단골들이 많다며 주섬주섬 보따리를 내렸다. 장사 경험이 없는 김 씨가 처음 내다판 것은 상추였다. 상추 판 돈으로 뭐 살 것이 없을까 두리번거리다 다리를 접고 펴는 양은상을 사고부터 장사에 재미를 붙였다고 했다. "밭에서 뜯은 상추 팔아 양은상을 살 때 기분은유. 너무 행복해서 평생 잊을 수 없어유. 꽃각시가 장시헌다고 상추 뽑아서 장에 갔던 때가 엊그제 같은데 사십 년 돼가유. 저녁에 둥그런 양은상에 밥상 차리고, 식구들 둘러앉아 밥을 먹는디유. 얼마나 좋은지 꺼끌꺼끌한 보리밥이 달드란께유. 내 손끝이 큰 재산이구나 생각허면서 장에 내다팔 물건을 만들어유."

고덕철물점 뒤에는 오래된 장옥 건물이 퇴색되어가는 중이다. 그런데 2023년 고덕장에는 김 씨 어매가 보이지 않는다. 호미로 공부를 했으면 박사도 될 수 있었다는 어매, 당신이 맨 풀을 쌓아놓으면 산 하나가 된다는 어매, 봄이 되면 마음까지 바빠진다는 어매, 사방천지가 일천지라는 어매는 보이지 않고 세찬 겨울바람이 내 등을 떠민다.

봄이 되면 왁자지껄한 장에서 송아지가 '음매' 하며 어미를 찾고, 장에 따라나온 아이가 엄마 치맛자락 붙들고 원숭이가 재주 부리는 곳에서 환하게 웃는 모습을 상상하면서 예산역으로 향했다. 썰렁한 장터 바닥이 묽은 어둠을 달고 따라온다.

삽다리, 섶다리에서 맛보는 곱창

- 예산 삽교장

오일장 주변엔 반드시 국밥집이 있다. 삽교장에는 칠십여 년 소머리국밥으로 유명한 한일식당이 있었다. 장날만 문을 열어 주위 사람들 성화에 장날 전날과 장날만 운영했다. 그런데 음식 맛의 달인 백종원이 이 집을 소개하자 전국에서 물밀듯이 찾아와 장에 있던 한일식당은 다른 곳으로 이전했다. 대중매체에 방영된 이후, 삽교장에는 큰 변화가 일어났다. 삽교장은 철판으로 만든 낡은 장옥(場屋)을 철거하고, '곱창특화거리'를 조성하는 중이다. 난 장터에 가면 다른 사람들이 관심을 기울이지 않는 것을 눈여겨본다. 낡은 장옥에 시간의 흔적이 더께더께 앉아 손끝만 살짝 닿아도 아쟁 소리가 들릴 것 같았는데 보이지 않는다.

삽교 오일장은 1927년 개설된 장으로, 2일과 7일 들어간 날이면 예산 삽교읍 두리에서 열린다. 삽교는 가수 조영남이 "내 고향 삽교를 아시나요, 맘씨 좋은 사람들만 사는 곳, 시냇물 위에 다리를 놓아 삽다리라고 부르죠"라는 '삽다리'다. 이 노랫말처럼 섶다리가 삽다리로 변해 삽교라 부르게 되었다고 전해진다. 삽교의 명물 중 하나가 삽다리 곱창이다. 곱창이란 간판을 내건 식당이 유독 많은 지역이다. 또한 삽교평야에서 생산되는 갤러리쌀은 대한민국 농업특산물 대상을 받은 명품이다.

용산역에서 장항선 기차를 타고, 두어 시간 가을 풍경에 취하다보면 삽교역에 도착한다. 창밖 풍경은 결코 똑같은 모습을 보여주지 않는다. 강이 있고, 산과 들녘이 조화롭게 어울려 빈 논에 남아 있는 누런 볕짚에서 묵은 소리가 들린다.

삽교장은 난장에 펼쳐지기 때문에 한눈에 다 들어온다. 콩나물을 파는 할매가 꾸벅꾸벅 졸고, 생선 장수가 동태 머리를 자르는 소리, 찐 옥수수 파는 할매, 은행나무 아래는 하얀 무가 애타게 누군가를 기다리고, 큰 파라솔 밑에는 노부부가 쉬고, 김치 하나로 점심을 먹는 아짐, 호박과 마늘, 대추를 펼쳐놓고 팽팽하게 겨루고 있는 백발 할매, 쪼그리고 앉

예산 삽교장, 2012

예산 삽교장 가려면
용산역에서 장항선 기차를 타고 삽교역에 내려 15분쯤 걸어가면 삽교장이다. 택시는 3-4분 소요된다. 인구가 없어 버스가 자주 오지 않아 대중교통 이용이 다소 불편하다. 삽교 석조보살입상은 삽교사거리에서 510번 버스로 20여 분 소요, 세심천호텔 앞에서 내려 수암산 등산로를 9분 정도 오르다 보면 만난다.

예산 삽교장, 2012

아 콩 까는 할매, 계란과 국수가 좌판 위에 누워 발자국 소리에 귀를 기울이고, 자전거를 끌고 장 구경을 하는 할배, 농장에서 세상 구경 나온 사과들, 호박을 안고 있는 아재가 삽교장을 지키고 있다.

오래전, 장 뒤쪽 낡은 철판으로 만든 장옥에서 3대째 뻥튀기 장수를 이어가고 있던 이동렬 씨를 만났었다. 아들까지 하게 되면 4대째라며 대목장에는 아들이 나와 도와준다며 자랑했었다. 낡은 철판 장옥은 흔적도 없이 사라지고 뻥튀기 장수도 보이지 않는다. 이 씨가 했던 말을 더듬어본다. "같은 일을 계속하다 보면 저절로 터득하게 돼유. 튀길 것과 단 것, 시간이 적절하게 배합되면 최고의 맛이 나오쥬. 뻥튀기 장수 오래하니까 맛 내는 욕심까지 부리게 돼유." 힘은 들어도 잘 튀겨진 뻥튀기 맛을 볼 때가 가장 행복하다며 이팝꽃처럼 웃던 이 씨를 찾아 장터 곳곳을 돌아다녔지만 만나지 못했다.

호박 장수와 알타리무 파는 언저리에 성능 좋은 오토바이가 서 있다. 그 앞에서 꽃무늬 몸빼와 빨간 점퍼를 입고 까만 마스크를 턱에 걸친 할매가 쪼그리고 앉아 콩을 까고 있다. 비닐로 된 비료 포대를 펼쳐놓고, 그 위에 고추와 녹두 한 봉지, 들깨 한 봉지와 강낭콩을 올려놓고 판다. 삽교2리에 산다는 박 씨(86세) 할매는 낯선 사람과 눈 마주치는 것도 수줍어한다. 장터에서 연세와 이름을 물어보면 대부분 성씨만 알려준다. 난 능청스럽게 "할매 이름이랑 나이를 알아야 시집보내드리는데 어쩌죠?" 해도 얼굴까지 빨개진 할매는 묵묵부답이다. 괜히 옆에 있는 장꾼들이 한술 더 떠 박장대소다.

장터에서 호박을 보면 예전에 고창 대산장에서 만났던 소 씨 할매가 생각나 혼자 웃게 된다. 호박을 탑처럼 쌓아놓고 팔기에 "밑에 있는 것을 달라고 하면 다시 허물어야겠어요?"라고 넌지시 말을 건네자 "내 호박은 셀프여, 늙은 호박이 여자들헌티 효잔건 알제." 호박 이야기를 하려면 끝이 없다. 구덩이를 파, 호박씨를 묻어놓고 들짐승이 파먹을까봐 노심초사한 할매들 이야기는 한 보따리다. 농작물 하나도 자식 키우듯 공을 들이는 할매들 옆에 호박 몇 덩이 놓여 있다. 예산역전장과 덕산장, 삽교장을 다니는 변인수(68세) 씨는 농사를 직접 짓는다. 감과 호박, 돼지감자가 튼실하다. "요즘 호박이 땅의 기운이 다른지 이상한 모양으로 열렸시유. 농사짓기가 점점 힘들구먼유. 제철에 나와야 할 꽃이고, 식물이고 제멋대로 나오드만 여름 과일도 맛이 제대로 안 나유"라며 핸드폰에 들어 있는 호박 사진을 보여준다.

예산 삽교장, 2012

요즘은 장에 가면 장터 터줏대감을 만나거나 오래된 상점을 찾아다니게 된다. 장꾼들이 들락거리는 선술집에도 들어가 주변 마을에 사는 어르신들에게 이것저것 물어보게 된다. 선술집에서 삽교장을 오랫동안 지켜봤던 서 씨(83세) 할배와 막걸리를 마시며 이야기를 나눴다. "삽교 땅이 넓어서유. 곡식이 많아유. 그란께 아짐씨들이 쌀을 이고 역 앞이고, 면사무소 앞이고 나왔시유. 쬐깐했을 때 봤는데 어른들이 아짐씨들 목심이 좋다고 허드먼유. 제다 머리에 똬리를 얹어 이고, 삼십 리 길을 걸어 댕겼쥬. 당찬 아짐씨들 땜시 나라가 잘살게 된 거쥬."

쌀을 이고 엉덩이를 흔들며 좁은 길을 걸었던 우리 엄마들, 지루할 틈도 없이 들로, 부엌으로 반복되는 일상 속에 '쥐구멍에도 볕들 날 있다'는 희망 하나로 살아온 우리 엄마들이다. 어디 그뿐이겠는가. 고단한 시대를 살면서도 부드러움과 푸근함으로 삶의 터전을 만들어 이웃과 함께 고통을 나눴고, 제일 낮은 곳으로 흐르는 물처럼 잠시 부딪쳐 소리를 낼 뿐이었고, 몸뚱이가 열이라도 모자라는 일들을 묵묵히 해냈다. 어떤 특별하거나 이상적인 것이 아닌 평범하고 일상적인 모습을 통해 진실로 귀한 것이 무엇인지, 땅의 소중함이 무엇인지, 자신들의 주장은 묵묵히 안으로 삭히면서 가난을 감내했다.

장터에서 할매와 엄마들 앞에 앉아 있는 농산물에 눈길을 주면 고향 생각이 나는 것은 인지상정인가 보다. 반평생 장사를 했지만 여전히 가난에서 벗어나지 못한 장꾼이 의외로 많다. 그나마 자식들 교육만큼은 철저하게 시켜 당신 같은 길을 걷지 않게 했는다는 자부심이 대단하다. 50여 년 장사해온 임길례(85세) 할매는 "꽃다운 서른 나이에 첨 장사를 했시유. 여자들이 좋아하는 오만가지를 싣고 시골 마을을 돌아댕겼쥬. 사방 군데서 서로 오라고 헌게 재미져서 밤 되면 아침 되기만 기다렸시유. 옛날에는 남자가 장을 보러 다니고, 여자는 집에서 살림만 했어유. 남자들 판에서 살아남기 위해 산전수전 다 겪다가 백발이 되고, 장사도 시시허구, 사는 것도 시시해유. 밤 되면 접어야지 하면서, 눈 뜨면 보따리 챙기고, 병이쥬. 병도 큰 병이쥬." 장터에서 만난 어매들 삶이 모두 비슷비슷하지만 임 씨 할매는 평생을 올곧은 마음으로 같은 자리를 지켜왔다. 평생 일손을 놓지 않아 꺼칠꺼칠한 손마저 아름답다. 엄마라는 자리는 넓고도 크다.

장터 끝 집 담벼락 앞에 마늘과 쪽파, 땅콩을 펼쳐놓고 혼자서 밥을 먹던 정재숙(71세) 씨와 마주쳤다. 싱긋 웃는 정 씨 아짐은 "수암산 올라가는 길목에 돌부처 있어유. 우리 손

예산 삽교장, 2022

자가 얘기해서 나도 알았시유. 장이 어수선허지유. 국밥집 이사 가고, 곱창거리 만든다고 난리도 아니쥬. 장사허는 사람한테 좋은 일인지 모르겠시유. 여가 제법 큰 장인데, 코로나 이후로 쪼그라들고 있네유."

삽교장을 마치고 삽교읍 '석조보살입상'을 만나기 위해 버스 타는 곳을 찾아 걸었다. 삽교사거리에서 버스를 타고 낯선 건물과 들판, 간판, 현수막을 보면서 이곳 생활문화를 엿보게 된다. 석조보살입상은 충청도 지방 특유의 불상으로 머리에는 6각형 보관(寶冠)을 쓰고, 네모난 얼굴은 소박한 미소를 머금었다. 오른손에 쥐고 있는 지팡이는 두 다리 사이로 길게 내려와 있다. 키가 6미터에 가까워 두 개의 돌을 이어서 조각한 고려시대 지방의 대표적인 불상이다. 육각형 보개를 착용하고 있는 불상은 북한에 있는 석불좌상과 삽교 석조보살입상이 유일하다. 삽교평야를 말없이 내려다보고 있는 석조보살입상이 600년이 훨씬 지난 지금, 우리 시대를 보고 무슨 생각을 하고 있을까. 한 시간여 석조보살입상과 함께 삽교평야를 내려다보며 많은 이야기를 나누었다.

예산 삽교장, 2012

내가 혼자 여행하는 것이 궁금한지 석조보살입상이 지나가는 갈맷빛 바람을 붙들고 물어본다. 왜 혼자 삽교의 넓은 평야를 내려다보고 있을까. 도서관에서 이 지역에 대한 역사, 경제와 문화, 전통과 음식에 대한 책과 만나면 되는데, 왜 기차를 타고, 버스를 타고, 걸어서 이곳까지 왔냐고 묻는 것 같다. 분명한 것은 책을 보고 아는 것과 내 눈으로 직접 보고 느끼는 것은 천지 차이다. 사람들을 만나 이야기하고, 땅과 자연이 내뿜는 냄새와 색의 기운을 경험함으로써 이곳에 스며 있는 희로애락을 온몸으로 느끼고 받아들이게 된다.

삽교 석조보살입상, 2022

석조보살입상과 시간을 보낸 후 삽교 가는 버스를 한 시간여 기다렸다. 그러나 시골 버스를 기다리는 시간이 전혀 지루하지 않다. 시원한 자연이 펼쳐져 있고, 운이 좋으면 지역주민을 만나 이야기도 나눌 수 있다. 요즘은 핸드폰만 있으면 언제 어디서나 쇼핑을 할 수 있다. '프레시 배송'이다, '새벽 배송'이다 해서 몇 시간 전에 주문만 하면, 바로 다음날 현관문 앞에서 물건을 받을 수 있는 세상에 살고 있다. 그럼에도 불구하고 오일장을 고집하는 까닭은 생생하게 살아 있는 사계절을 만날 수 있기 때문이다. 또한 사람과 사람이 나누는 정이 있고, 그 지역만이 가지고 있는 농민문화가 있다. 장터는 여전히 살아 움직이는 박물관이다.

홍주성 천년 여행길에서 만난 삶의 무늬
-홍성장

홍성역은 1922년 개통된 철도로 장항선 개량사업으로 선로가 직선화되면서 현재 역사로 이전했다. 홍성의 상징인 조양문을 형상화한 한옥 양식이 웅장하다. 홍성역 광장에는 충절을 지킨 애국지사인 성삼문, 최영, 김좌진, 한용운의 발자취가 새겨진 동상이 있다. 홍주성 천년 여행길 표지판을 따라 십여 분 걷다 보면 고암근린공원이 나오고, 이어 조금 내려가면 김좌진 장군 동상이 홍성장을 내려다보고 있다. 160년 역사를 자랑하는 홍성장은 1일과 6일이 들어간 날에 열린다. 또한 충남도청이 대전에서 홍성의 내포 신도시로 이전함으로써 홍성은 새로운 전기를 맞이하고 있다. 홍성군청 앞에 2023년 9월에 완공될 홍주 천년 양반마을 체험 공간이 조성 중이다. 일제강점기 때 불리던 홍성 대신 홍주를 되찾기 위해 다양한 시도를 하고 있다.

홍성천을 끼고 난장이 펼쳐진 늦가을 홍성장은 화가가 물감을 뿌려놓은 듯 색의 향연이 펼쳐진다. 세상의 모든 것들이 사람을 만나기 위해 앉아 있기도 하고, 누워 있기도 하고, 종종거리며 서 있다. 또한 한쪽에서는 쇼팽의 왈츠가 푸르게 들리고, 한쪽에서는 흙빛 같은 유행가가 들리고, 다른 한쪽에서는 삶의 소리가 홍시처럼 검붉게 들린다. 만물상 맞은편에는 늙은 호박 두 개가 나란히 누워 사람들 발걸음에 귀를 쫑긋 세우고 몸을 일으킬 태세다. 지팡이를 짚고 지나가는 할배가 누워 있는 호박에 눈길을 한번 주더니 못 본 척 지나간다.

홍성장에 가면 숨은 그림 찾듯이 장터 보물을 만나야 장구경을 제대로 한다. 홍성대장간을 운영하는 모무회(76세) 대장장이는 3대째 가업을 이어가는 무형문화재다. 홍성대장간 모루는 장터 보물 2호다. 요즘 서울에서 아들이 내려와 칼 가는 법을 배우고 있다. 4대째 가업을 승계하는 대장간이다. 모 씨는 열세 살부터 할아버지와 아버지한테 풀무질을 배우고, 철 다루는 법을 배워 67년째 일하고 있다. 불똥이 튀어 데인 데가 많다며 팔과

홍성장, 2011

홍성장 가는 길

장항선 기차를 타고 홍성역(용산-홍성 2시간 9분 소요)에 내려 '홍주성 천년 여행길' 표지판을 따라 십여 분 걷다 보면 홍성장이다. 홍성장에 가면 홍성대장간에 있는 모루는 꼭 보길 권한다. 대장간에서 조금 내려가면 어린이놀이터 뒤쪽에 홍성장 보물 1호 대교리 석불입상이 있다. 또한 홍성군청 뒤편에 옛 동헌 건물인 안회당과 여하정 문화재가 있으며, 공민왕이 심은 것으로 알려진 오관리 느티나무가 있다. 홍성군청 앞에는 2023년 9월에 완공되는 '홍주 천년 양반마을 체험공간'이 조성 중이다.

美來路
홍성전통시장
장터
강화도
닭집
홍주천막사
태선수산
포장판매 석굴, 새조개, 쭈꾸미, 꽃게, 문어, 각종어패류
632-7578
신용수산
도·소매
634-9856
홍성장, 2014

큰시장빅마트
대동상회
대우상회
832-4657
홍동집
홍성집
프로그램 결과보고전

얼굴을 보여준다. 옛날에는 철이 귀해 부식된 철조망을 썼는데, 그때 만든 호미가 최고라며 지금도 철조망으로 만든 호미를 찾는 이들이 있다고 한다.

"이 모루가 우리 집 가보쥬. 그 옛날에 쌀 네 가마 값을 줘야 살 수 있었지유. 우리 대장간에서 이 모루가 젤로 귀해유. 내 소원이 뭔지 알아유. 대장간 일하면서 죽는 거유." 모 씨와 이런저런 이야기를 나누면서 배창호 감독 영화 「길」에 나온 장돌뱅이 대장장이 대사가 생각났다. "대장장이 일은 말이여, 속에서 불댕이가 솥대끼 화가 나고, 오장육부가 지글지글 녹대기 걱정 있어도 매질만 한번 하고 나면, 긴 허기가 없어지는 걸 다른 이들은 모를 것이요." 모 씨도 모루에 달궈진 쇳덩이를 망치로 두들기다 보면 속에 맺혔던 응어리가 없어진다며 놋쇠 익는 냄새를 풍기며 매질을 했다.

2011년 홍성장은 장옥이 없었다. 생선 파는 곳이 많았으며, 삼십 년 넘게 재봉틀로 온갖 수선을 하는 홍성의 맥가이버로 통했던 할배가 있었고, 사십 년 동안 팥죽과 장터국밥으로 장꾼들 입맛을 돋우던 할매가 있었다. 옷핀, 성냥, 바늘과 실, 참빗, 고무줄, 좀약 등을 펼쳐놓은 박 씨 아짐이 있었고, 큰 광주리에 아낙네들이 좋아하는 것만 담아 이 마을, 저 마을 돌아다니며, 행상으로 장사를 배웠다는 남 씨 아짐도 있었다. 2014년 봄날 찾아갔는데 장옥이 우뚝 서 있었다. 장옥이 만들어지자 난장을 펼친 이들은 장사를 접거나 다른 곳으로 이동했다고 한다.

장터 안으로 접어들면 생선전이 펼쳐지고 흰색, 파란색, 붉은색의 파라솔과 차일 밑에 산과 들과 밭 한쪽이 통 크게 나와 오만가지 농산물이 선보인다. 김장철이 다가오자 젓갈 파는 곳에 사람이 몰리고, 안 씨 할매 앞에 무, 시금치, 감, 쪽파, 갓, 콩, 콩깍지, 토란, 수세미, 여주, 콩나물, 숙주나물, 여수 갓, 호박, 땅콩 등이 서로 어우러져 이름 없는 오케스트라처럼 할매 지휘에 따라 내는 왁자그르르한 삶의 소리는 푸르다 못해 검붉다. 홍성장 보물 10호 '돈궤'를 보기 위해 철물점 골목으로 들어서는데 색조차

홍성장 보물 10호 돈궤, 2023

홍성장, 2022

홍성장, 2023

홍성장, 2011

삭아버린 백여 년 된 철물점 건물에 세월의 흔적이 묻어 있다. 녹슨 철판을 잇대어 쇠 익는 냄새가 흘러내린다. 손가락 끝자락만 닿으면 퉁~ 하고 아쟁 소리가 무겁게 내려앉을 것만 같다. 그런데 아무렇지도 않은 듯, 철물점 앞에는 농가에 필요한 온갖 것들이 전시되어 사람들 발걸음을 멈추게 한다. 또한 철물점 뒤로 볼링장이 우뚝 서 있어, 과거와 현재가 나란히 공존해 있다.

대승철물점을 운영하는 이영춘(86세) 할매는 75년째 아버지가 쓰던 돈궤를 사용하고 있다. 초등학교 동창이 삽을 사러 왔다며 자랑하는 이 씨 할매는 "울 아부지 손때 묻은 돈통이 보물 된다는 소리를 듣고 첨엔 안 믿었시유. 아부지가 쓰던 것이라 나도 그대로 쓰고만 있었지, 귀한 것인 줄 몰랐시유. 그냥, 돈궤에 돈 넣고, 거스름돈 꺼내다 보면 아부지 생각나서 버리지 못하고 쓰고 있었쥬. 내가 홍성장 여장부유. 여든여섯이면 황천길 가야 헌디, 썽썽허니 장사하잖우, 물건 종류가 많지유. 그래도 삽이 얼만지, 낫이 얼만지, 호미가 얼만지 다 알아유. 이만허면 아직 장사헐만 허쥬." 씩씩하게 웃는 이 씨 할매에게 건강하시라는 말을 남기고 가게를 벗어났다.

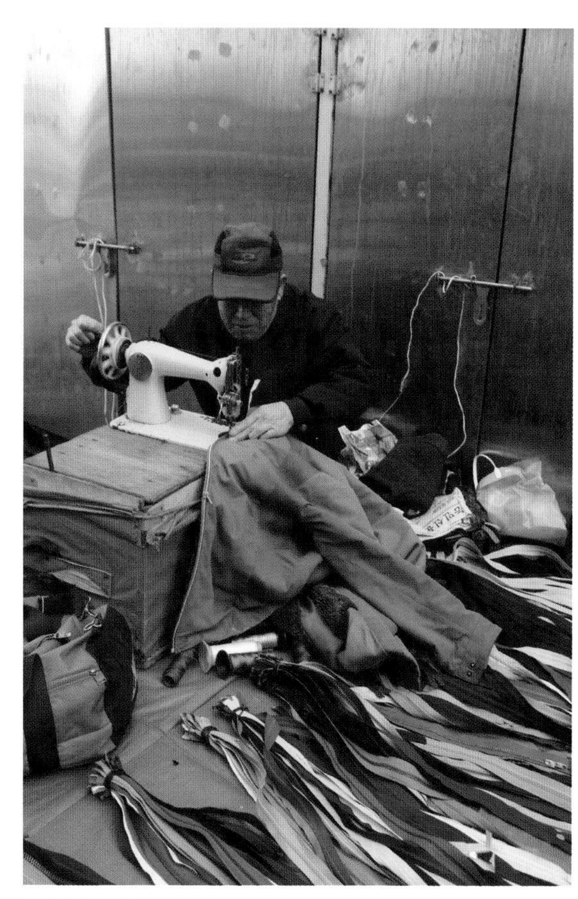

홍성장, 2023

옛이야기가 담겨 있는 낡고, 오래된 것들이 홍성장에선 보물로 대접받고 있다. 쌀을 담아 팔았던 됫박(보물 9호)은 아크릴박스에 박제되어 전시돼 있고, 보물 8호인 꽃상여와 '보신알(보물 4호)'은 사진으로 박제되어 보물임을 상징하고 있다. 홍성장 역사가 담

귀가. 홍성장, 2023

긴 '홍성천 벽화(보물 7호)'에는 돼지 장수, 됫박으로 쌀 파는 쌀장수, "날이면 날마다 있는 것이 아니여, 이 약 한번 먹어봐." 떠돌이 약장수, 옹기 장수, 생선 장수, 패랭이 모자와 등짐을 진 보부상, 소를 걸고 씨름하는 등의 벽화가 그려져 타임머신을 타고 옛 장터에 여행 온 것 같다. 홍주천막사 재봉틀(보물 5호)은 전옥현(72세) 씨가 49년째 쓰고 있다. 아버지에게 물려받아 지금까지 쓰고 있지만 고장 난 적이 없다며 주문 들어온 천막을 만들고 있었다.

홍성대장간 아래로 내려가면 어린이 놀이터가 있는데, 이곳 끝머리에 미륵불이 홀로 서 있다. 이 석불이 '장터보물 1호'다. 마치 어린아이가 그린 얼굴처럼 지긋이 내려다보며 금방 무슨 말인가 할 것 같은 표정으로 웃고 있다. 매년 정월보름이면 마을주민과 상인들이 합심하여 제사를 지내준다. 초등학교 시절 소풍 가면 으레껏 보물찾기 시간이 있었다. 나무 밑, 숲속을 헤치며 보물을 찾던 추억을 더듬으며 홍성장 보물을 하나하나 발견하게 되면 나도 모르게 박수를 쳤다. 추억은 그리움으로 뒤에 숨지 않고, 내 삶을 일으킨다. 그리고 황금보다 귀한 보물은 지금, 이 시간을 알아차리게 한다.

장안을 몇 바퀴 돌아다니다 점심을 먹기 위해 유명한 국밥집에 들어갔다. 마침 어르신 두 분이 국밥 한 그릇에 막걸리를 드시고 계셨다. 올해 농사가 어떠냐 묻자 "시방은 흉년이든 풍년이든 쌀 가격이 없으니 신경 안 써유. 농사지어 먹고사는 시대는 끝났시유." 늦은 점심을 먹으면서 어르신들과 많은 이야기를 했다. 할배는 "어릴 적부터 댕긴 장이유. 고향 같은 장인디, 쉽게 발이 끊어지지 않지유. 더 존 데가 생겨도 그리 안 가유. 그게 사람 사는 정이쥬." 오일장은 지역주민들이 살아가는 필수적인 공간이다. 민중들의 삶이 살아 있는 현장이다. 장터는 민중들의 애환이 서린, 무료한 삶에 활기를 불어넣는다. 왁자지껄함 속에 우리의 역사와 문화, 전통이 숨어 있는 곳이다. 그 지역만의 시대상을 담고 있으며, 현대의 급속한 변화를 읽을 수 있다. 땅이 있고, 농민이 있기에 지금도 장터에 가면 훈훈한 인정을 느낄 수 있다.

김좌진 장군의 흔적이 살아 숨 쉬는 곳
-홍성 갈산장

파노라마처럼 펼쳐지는 바깥 풍경은 벼수확을 끝내고 소여물로 쓰기 위해 만든 짚단이 마치 공룡알처럼 논에 널려 있다. 어떤 시각으로 보느냐에 따라 설치작품처럼 보이기도 하고, 자기 몸을 동그랗게 말아 감춘 하마 같기도 하다. 쓸쓸하게 보이기보다는 짚동구리와 간간이 마을이 보여 자연과 인간이 공존하며 사는 모습이 조화롭다. 논이 휑하니 비어 있어 벼를 벤 흔적에서 무반주 첼로가 낮게 흐른다. 벼는 사람 손길이 88번 닿아야 비로소 쌀이 되어, 인간을 살리고, 자기 몸은 소여물이 되어 최후까지 이로움을 준다. 자연스러운 생태계의 순환이지만 시골에서 자란 나는, 벼를 벤 논을 보면 검정고무신을 신고 논 위를 사박사박 걷고 싶다. 아마도 어렸을 적 달빛 아래에서 온 식구들이 벼 이삭 줍던 추억 때문일 게다. 말간 바깥 풍경을 보면서 자연에게도 생각이 있을까 뜬금없는 상상을 하면서 홍성역까지 단숨에 왔다.

홍성역 앞, 버스정류장에서 갈산장으로 가는 276번 버스를 탔다. 역에서 내려 장으로 가는 버스를 타면 이용하는 사람은 어르신들뿐이다. 버스 기사가 지팡이를 짚고 버스에 오르는 어른들을 물끄러미 바라본다. 노인이 자리를 잡아 앉을 때까지 버스는 떠나지 않고 기다린다. 느리게 타고 내려도 아무도 재촉하지 않고, 묵묵히 순서에 따른다. 훈훈하다. 버스에 올라와 자리를 잡은 할매가 "늙으면 가야 혀"라며 지팡이를 세우고 의자 앞 손잡이를 움켜쥔다. 할매는 아무도 듣지 않는데 궁시렁궁시렁 혼자 말을 한다. 버스 안이 노인정 같다. 서로 눈인사도 없이 바깥 풍경만 바라본다. 단풍이 절정이다. 이들도 한때는 저토록 붉은 삶을 살았을 텐데 지금은 어떤 마음일까, 지금도 저토록 붉은 사랑을 마음 한 켠에 품고 있을까.

30여 분 시골길을 달려 갈산초등학교 앞에서 내렸다. 여기서 조금만 걸어가면 갈산장이다. 초등학교 담벼락에도, 버스정류장에도 김좌진 장군의 업적이 새겨져 있다. 이곳에

홍성 갈산장, 2022

홍성 갈산장에 가려면
장항선 기차를 타고 홍성역(용산-홍성역 2시간 9분 소요)에 내려 276번 버스(30분 소요)를 타고 갈산초등학교에서 내리면 갈산장이다. 천수만에서 잡아온 제철 수산물, 밥맛이 좋은 쌀, 오이가 생산되는 지역이다. 여기에 겨울철이면 자연산 굴을 채취해 파는 지역주민이 많다. 갈산장에서 김좌진 장군 생가지는 10여 분 소요된다.

홍성 갈산장, 2012

HP:011-437-5
취곡1리

서 불과 5분여 걸어가면 김좌진 장군의 생가지와 백야기념관, 공원이 나온다. 시장 안으로 들어가자 10년 전과 똑같은 난전이 그대로 남아 있어 반갑다. 요즘도 실과 바늘, 옷핀 같은 것이 나가냐며 물어보니 많이 팔리진 않지만 찾는 사람이 있어 장날마다 갖고 나온다고 했다. 전 씨(74세)가 실과 바늘 등, 장사한 지 45년째란다. "걸어오는 아짐들 모양새만 봐도 이불호청 뜯었구나 알게 돼유. 오래 장사하다 보면 단골들 걸음새만 봐도 뭐가 필요한지 알지유. 새각시 때 골무 사던 새댁이 지금은 할매가 되어 찾아와유. 세월에 장사 없드만유. 요즘이야 홍성장이 커지니까 그짝으로 가는 사람이 많아유. 갈산장은 천수만이 가까워 생물이 많이 나오는 큰 장이죠, 요즘 김장철이라 김장 봉투 팔아유." 풍선처럼 한껏 배가 부른 김장 봉투가 바람에 기우뚱거린다.

홍성 갈산은 천수만 가는 길목에 자리잡아 홍성의 관문 역할을 한다. 김좌진 장군이 심신을 단련했던 와룡천 연변으로 넓게 퍼진 장땡이들, 한들에서 나온 밥맛이 좋은 쌀로 유명하다. 또한 천수만에서 갓 잡은 해물이 철 따라 나오고, 겨울철이면 자연산 굴을 파는 지역주민들이 많다. 갈산장은 1923년 개설되어 지금에 이르며 3일, 8일, 13일, 18일, 23일, 28일에 열린다.

홍성 갈산장, 2022

홍성은 예로부터 불의에 굽히지 않는 정신이 응집된 지역이다. 문서를 불태워 노비를 해방하고, 모든 재산으로 교육과 독립운동을 펼친 백야 김좌진 장군의 생가가 갈산장 인근에 있다. 홍성 갈산에서 태어난 백야 김좌진 장군은 일찍부터 노블레스 오블리주를 실천한 역사적 인물이다. 그의 사당과 생가지 사이에는 장군의 생애를 볼 수 있는 동상이 서 있다. 백야기념관에 들어가 장군의 흉상 앞에 서면 서로 눈을 바라보는 듯한 강한 느낌이 든다. 그는 어려서부터 전쟁놀이와 말타기를 즐겼다고 한

홍성 갈산장, 2022

홍성 갈산장, 2022

들기름 참기름병, 2022

다. 열다섯 나이에 대대로 내려오던 노비들을 마당에 불러 모아 노비문서를 불태워 해방시키고, 농사를 지어 먹고살 만한 논밭을 골고루 나눠줬다. 교육에도 관심이 많아 아흔아홉 칸에 이르는 집을 학교 건물로 사용할 수 있도록 내놓은 일화는 갈산장에서 만난 어르신들의 자랑거리 중 하나다. 어르신들 옆에 앉아 귀동냥을 하다 보면, 장군에 대한 존경심이 대단하다. 행신리에 사는 신평이씨 할배는 "청산리대첩에서 우리 장군님이 일본을 대파했어유. 기념관이랑 백야공원 가봐유. 김좌진 장군은 우리 갈산 사람들 자랑이쥬. 마흔살에 돌아가신 우리 장군님 생각허면 팔십 넘게 사는 것이 부끄럽당께유."

김좌진 장군 생가지와 백야기념관, 백야공원을 둘러보면 장군의 정신과 음성이 나직나직하게 들린다. "나라가 망한 이때 산업은 다 무엇이고, 교육은 다 무엇이냐, 둘이 모이면 둘이 나가 죽고, 셋이 모이면 셋이 나가 죽을 것이다"라는 말씀은 오늘날 탁상공론이 아닌 행동으로 실천하라는 일침 같아 가슴이 뜨끔하다. 옛 선조들은 말이 아닌 행동으로 당신의 사상을 실천하면서 대동사회를 위해 자기의 전 생애를 바쳤다. 역사는 과거와 현재를 잇는 미래의 디딤돌이다. 발길 닿는 곳마다 장군의 흔적이 정신을 깨운다.

물때에 맞춰 굴을 채취하다 오후 늦게 장에 나온 장 씨(69세)는 어서리에 산다. 오늘 처음 자연산 굴을 땄다며 개시도 하지 않았는데 맛보라며 국자에 굴을 담아 내민다. 양푼에 오늘 따온 굴을 담아 빨간 국자를 올리니 난전이 그림 같다. 아짐은 보라색 점퍼를 입고,

홍성 갈산장, 2022

홍성 갈산장, 2022

홍성 갈산장, 2022

하얀 마스크를 쓰고, 팔짱을 끼고, 시멘트 바닥에 쪼그려 앉는다. "군에서 오늘부터 굴 따는 것을 허락했어요, 서부하리에서 따온 자연산이라 금세 팔려유. 먹어본 사람이 사러 오니께 걱정마유." 맛을 본 내가 걱정하며 같이 쪼그리고 앉으니 오히려 나를 안심시킨다.

갈산장 뒤쪽에서 짚으로 시래기를 엮고 있는 김향순(76세) 씨를 만나 제법 긴 이야기를 나누었다. 15년째 장삿길에 들어섰다는 김 씨는 집이 가까워 자전거로 물건을 나른다. 요즘처럼 장사가 안되면 농약값, 비룟값도 힘들다며 장에서는 마트보다 싸야 팔리기 때문에 올릴 수도 없다고 한다. "농촌에 젊은이는 없고 늙은이들만 있다고 허쥬. 농촌이 농사짓고 살기 힘든데 젊은 사람이 시골에 있겄시유. 도회지 나가서 살고 싶지요, 시골 노인네들도 뉴스 보면서 세상이 어떻게 돌아가는지 다 알아유. 우덜이 둘러앉아 밥 먹으면서 하는 말이 뭔지 아람유. 정치 없는 세상에 사는 것이구먼유."

갈산장으로 들어가는 길목에 지역주민들이 김장철을 맞아 갓, 배추, 당근, 쪽파, 무, 호박 등을 펼쳐놓고 한가한 오후 햇살을 받고 있다. 수산물 파는 곳은 제법 크다. 바닷가 인근에 사는 주민들이 자연산 굴을 양푼에 담아 군데군데 난전을 펼쳤다. 그 옆에는 빨간 고무통에 우렁이 가득 담겨 햇빛과 노닐고, 바로 건너편에 강아지 두 마리가 서로 의지한 채 사람들 세상에 관심이 없는 듯 눈을 감고 딴청을 피운다. 생선집을 들여다보면 생선들이 빨간 플라스틱 고무통 아니면 하얀 아이스박스에 담겨 있다. 플라스틱 용기는 모양도 크기도 다양해 사용하기 편리하지만 우리 환경을 생각하면 좋은 방법이 아니다. 아이스박스도 마찬가지다. 편리함에 익숙해지면 '나 혼자쯤이야'가 되기 쉽다. 대나무 바구니에 온갖 나물들이 담겨 있고, 밤과 대추가 담겨 있고, 감이 담겨 있다면 보기도 좋을뿐더러, 지구를 지키는 주인도 멋지게 보인다. 지구와 자연은 우리가 불편할수록 빨리 회복된다.

내가 처음 장에 다닐 때는 지푸라기 하나도 버리지 않고 재활용했다. 봄이면 대장간에 녹슨 농기구를 고치는 사람들로 북새통을 이루었는데 지금은 호미도 대량생산되어 일회용으로 사용하다가 버리는 경우가 많다. 거기에 요즘은 장터도 자본주의 물결에 휩쓸려 버렸다. 돈이 최고가 아닌, 자연과 환경을 함께 생각했으면 한다. 느림보 거북이가 세상 구경하며 걸어가는 장터를 꿈꾸어본다.

옹암포의 역사로 시작된 토굴 새우젓 시장
-광천장

바깥 풍경이 온통 노랗다. 은행나무가 길 위에 물감을 뿌려놓은 듯하다. 노랑은 화가 반 고흐의 색이다. 반 고흐는 자기 집을 노랗게 칠했으며, 해바라기도 자주 그렸다. 노란 것은 무엇이건 고흐를 감동시킨 것 같다. 고흐가 한국의 은행잎을 보면 어떤 그림을 그렸을까 상상해본다.

덜컹거리며 달리는 기차 창밖을 내다본다. 들판이 짚더미 냄새로 자욱하다. 가을이 황토색으로 익어가고 있다. 천안역에서 장항선으로 철도 노선이 바뀐다는 안내방송이 나오자 삐걱거리는 소리가 거칠다. 마스크를 착용하라는 안내방송을 반복된다. 터널 속으로 들어가자 검은 암갈색이다. 순간 창에 비치는 내 얼굴을 바라본다. 소리가 더 요란해진다. 또다시 터널 속으로 들어가는 신호다. 요즘 장항선 기차를 자주 타고 다녀, 터널 속으로 들어가는 소리만으로 어느 역을 통과하고 있는지 알 것 같다. 어떤 날은 바깥 풍경이 나를 지켜본다. 그럼 난 더 열심히 두 눈을 동그랗게 뜨고 바깥 풍경을 마주 바라본다. 먼 언덕 위에 억새꽃이 피어 장터에서 만난 할매 머리카락처럼 힘없이 살랑거린다. 도고온천역으로 들어가는 터널은 제법 길다. 터널을 빠져나가자 나타난 바깥 풍경이 경이롭다. 늦가을 대지에 낮게 퍼지는 햇살이 아름답다.

장항선 광천역에 내리면 새우와 새우젓 토굴이 먼저 인사한다. 그리고 몇 발자국 걸어가면 광천장이 펼쳐진다. 장터 입구에 둥그런 파라솔을 지붕 삼아 난장을 펼친 할매들 앞에 갯것들이 빨간 플라스틱 고무통 속에서 꿈틀거린다. 서해에서 잡아온 싱싱한 해산물이 많다. 바지락을 손질하는 할매도 보인다. 숙성시키지 않은 깨알 같은 새우가 플라스틱 바구니에 앉아 있다. 광천장의 명물이다. 광천은 고려시대부터 새우젓 산지로 유명했다. 옹암포에 새우젓 장터가 있었으니 광천은 일찍부터 새우젓과 인연이 깊은 곳이다. 광천의 관문인 옹암포는 서해안 섬의 유일한 통로였다. 서해안 일대 섬사람들은 다양한 해물

광천장, 2019

광천장에 가려면
장항선 기차를 타고 광천역(용산-광천역, 2시간 23분 소요)에 내리면 코앞이 광천장이다. 광천장 외곽에 있는 상점과 상설시장에서 토굴 새우젓을 판매한다. 광천장에서 결성면 만해로에 있는 한용운 선생 생가지는 택시로 19분여 걸리고, 버스는 50분 정도 걸린다. 버스가 자주 있지 않아 택시를 이용하는 게 편리하다.

새우젓 토굴, 2019

과 어패류를 가지고 옹암포로 왔다. 그리고 해산물을 팔아, 필요한 생필품으로 바꿔 다시 섬으로 돌아갔다. 광천장이 열리는 4일과 9일이면 150여 척의 배들이 드나들었던 옹암포에는 지금 포구가 없다. 산에서 흙이 흘러내려 포구가 막히자 광천장도 점차 쇠락의 길을 걸었다.

보령웅천장, 2019

그런데 영리한 토끼 한 마리가 광천장에 새로운 불씨를 가져와 우리나라에서 가장 맛 좋은 토굴 새우젓 시장으로 만들었다. 일제강점기 때 일본놈한테 뺏기지 않으려고 새우젓 독을 사금을 캐던 토굴 안에 넣어둔 채, 까마득히 잊고 잊다가 1960년 어느 날, 토끼가 토굴 안으로 들어가자 토끼를 잡으러 간 사람들이 새우젓 독을 발견했다. 독 안에 든 새우젓을 맛본 사람들이 너도나도 정 하나로 토굴을 파, 새우젓을 숙성시키기 시작한 것이 오늘에 이른다. 그런데 자신의 토굴을 보여주던 심상록 씨는 흙이 무너져 시멘트로 보수를 했는데 같은 토굴인데도 맛이 다르다고 했다. 흙으로 된 토굴에서 숙성된 새우젓이 맛이 좋고, 같은 토굴에서도 기온 15도에서 조금만 낮고 높아도 제맛이 나오지 않는다고 했다. 이는 틀림없이 자연만이 아는 비밀일 게다.

안처노(64세) 씨는 광천장에서 20년째 새우젓 장수를 하고 있다. 이름이 특이하다며 서로 한바탕 웃고난 뒤에 금세 친해져 새우젓에 관한 이야기를 했다. "토굴에 숙성시킨 새우젓을 언제까지 먹을 수 있을지 아무도 몰라유. 조금 있으면 저장문화도 바뀌게 될 것 같아요. 지금 토굴에 수분 공급이 원활하지 못해 토굴을 가지고 있는 사람들의 걱정이 커유. 다들 최첨단식 발효와 숙성을 연구해야 한다고 난리들입니다. 토굴 습도가 일정하지 않아 새우젓 숙성시키는 온도가 달라지고 있어유. 온난화가 심각한거쥬." 토굴도 믿지 못할 만큼 빠르게 지구온난화가 진행되고 있다. 자연의 질서가 무너지는 것일까. 자연에 순응하며 살아가는 농민들 삶에 끼어든 이 불청객이 우리 사회에 어떤 영향을 끼치게 될지 아무도 모른다. 덧없는 시간만이 답이다. 요즘 지구 기온이 급상승하고 있어 우리나라 봄가을이 점점 짧아지고 있다. 기후변화를 초래하는 지구온난화를 줄이려면 우리 일상생활도 변해야 한다. 일회용품 사용을 줄이고, 시장바구니를 챙기는 것부터 실천하는 것이 지구를 살리는 첫걸음이다. 모든 것은 땅에서 나와 다시 땅으로 돌아간다는 장터 할매들의 지혜를 배워야 한다.

광천역은 1923년 장항선 기차역으로 출발했지만 6·25전쟁 때 소실되어 전후 새롭게 역사를 지어 지금에 이른다. 광천이 새우젓으로 알려질 수밖에 없었던 것은 매립 전까지 광천역 바로 뒤쪽까지 바닷물과 배가 드나들었기 때문이다. 광천역도 복선전철화가 되면 새로운 자리로 이전할 예정이다. 홍성은 예부터 축산도시로 자연환경이 소를 키우기에 적합하다. 또한 천수만의 바닷바람을 맞으며 자란 풍부한 곡식으로 한우 사육에 안성맞춤이다. 지금은 홍성 우시장이 없어지고, 광천 우시장이 홍성 장날과 광천 장날이면 선다. 요즘 우시장은 전자 시스템으로 바뀌어 경매가 이루어진다. 홍성의 각 지역에서 몰려드는 소들이 자리를 잡기 시작하고 새벽이면 소들의 울음소리가 커져간다. 광천 우시장은 홍성장과 광천 장날인 매월 1일, 4일, 6일, 9일, 11일, 14일, 16일, 19일, 21일, 24일, 26일, 29일 열린다.

옛날에는 소가 많은 일을 해냈다. 모심기 철이면 써레질을 했고, 쟁기로 밭을 갈아야 했고, 무거운 짐을 옮겨야 했다. 소가 밭에서 일하고 오면 가마솥에 여물을 끓여 먹이고 고생했다며 한식구처럼 소잔등을 토닥여주던 엄마 생각이 난다. 그리고 1960년 한국을 방문했던 『대지』의 작가 펄벅 여사의 일화는 우리나라 사람들이 소를 대하는 마음을 여실히 보여준다. 황혼녘 경주의 시골길을 지나는데, 한 농부가 소달구지에 가벼운 짚단을 싣고, 자신의 지게에도 짚단을 지고 오는 모습을 보게 된다. 소달구지에 짚단을 모두 싣고 편하게 타고 가면 될 텐데 나눠 지고 가는 농부를 불러 펄벅 여사가 묻는다. "왜 소달구지에 짐을 다 싣지 않고, 힘들게 지게에 지고 갑니까?" 이에 농부는 "에이, 어떻게 그럴 수 있습니까. 저도 일을 했지만 소도 하루 종일 힘든 일을 했으니 서로 나눠 져야지요." 당연

광천장, 2022

광천장, 2019

한 듯 이렇게 말하는 농부를 보며 감탄한 펄벅 여사는 "나는 저 장면 하나로 한국에서 보고 싶은 걸 다 보았습니다. 농부가 소의 짐을 거들어 져주는 모습만으로도 한국의 위대함을 충분히 느꼈습니다"라고 말했다. 땅을 일구며 살아가는 평범한 농부의 마음을 알아본 펄벅 여사의 『대지』를 다시 읽고 싶다.

광천장에 들어서면 김용진(63세) 씨가 자기 트럭에 고리를 걸어 여러 뻥튀기를 횡렬로 걸어놓고 파는 모습을 볼 수 있다. 35년째 제철 과일과 함께 뻥튀기 장수를 하고 있는 김 씨는 사람 만나는 재미에 푹 빠져 장날마다 나온다며 색색의 뻥튀기 과자를 들고 포즈까지 취해준다. 요즘 정보화 시대에 따라 사진을 찍어달라는 분들이 부쩍 늘어나고 있다. 난전에서 장사하는 할매들도 인터넷 운운하며 "이쁘게 찍어줘유"라고 주문까지 한다. 불과 십여 년 전 이야기도 전설이 되어버린 초고속화 시대에 장터는 앞으로 어떻게 변할까. 난 아직도 장에 다녀오면 어떤 힘 같은 것이 가슴을 벅차게 하는 것을 느낀다. 연암 박지원은 저잣거리에 나와 사람들과 교류하면서 『허생전』을 쓰고 우울증을 치유했다. 누구나 장터에 가면 큰 위안을 받는다. 그것은 잊고 살았던 고향에 대한 그리움일 수도, 추억일 수도 있다. 장터에 가면 날것 그대로 살아 있는 삶을 만나면 허기진 마음이 채워진다. 영하 10도가 오르내리는 난장에서 촛불 의자에 앉아 장사하는 할매들, 한여름 30도가 웃도는 날씨에도 아랑곳하지 않고 면수건 하나 목에 걸치고 흐르는 땀방울을 닦아내며 손에서 일이 떠나지 않는 어매들 손끝에서 공들여 다듬어진 나물과 마늘과 도라지와 쪽파 등을 바라보고 있노라면 나도 모르게 숙연해진다.

광천장 끝에서 직접 농사지은 것만 판매하는 임옥기(86세) 할매가 지나가는 나를 불러 세운다. 몇 해 전 봄에 할매 난전 앞에 쪼그리고 앉아 한참을 같이 있었는데 그것을 기억하고 있었다. 구기자를 봉지 만들어 탑처럼 쌓아 올려놓고, 그 옆으로 영지버섯, 밤, 도라지, 청국장을 펼쳐놓았다. 청양에서 구기자 농사를 짓는 임 씨 할매는 64년째 장사를 해오고 있다. 반평생 장바닥에 살아, 찾아오는 친구도 북망산천에 갈 노인들뿐이라며 헛헛하게 웃는다. "난 말이유. 장사허는 것이 내 취미고, 내 생활이여, 욕심 쪼금 부리면 돈 쥐는 맛이쥬. 그래야 병원도 가고, 축의금도 내고, 비료도 사고, 자식들한테 아쉬운 소리 않고 얼마나 좋아유. 그란께 내가 큰 복 받고 산다 생각허지유. 이 자리가 내 보물단지유."

장사를 하다 말고 김예분(82세) 할매는 돈주머니를 꺼내더니 손님이 생선을 달라는 데

광천장, 2022

박환류

광천장, 2019

도 돈만 세고 있다. “어여, 갈치 한 마리 주란께, 내 말 안 들려유. 돈 다 도망가것네….” 김 씨 할매가 쳐다보지도 않고 “세월이 잡아가유. 기둘여유”라고 말하는 품새가 퉁명스럽다. 서로 잘 아는 사이인지 손님은 지팡이를 짚고 얌전한 학생처럼 기다린다. 장터는 이런 곳이다. 단골을 세워놓고 자기 일을 봐도 탓하지 않고, 단골에게 난전을 통째로 맡기고 화장실을 다녀와도 탓하지 않고, 한 움큼 가을바람이 바르르 떨고 지나가도 아무도 탓하지 않고, 난전 앞에서 꾸벅꾸벅 졸고 있어도 아무도 탓하지 않는다. 요즘 장터 할매들도 핸드폰에 정신을 팔고 있지만 자잘한 정만큼은 고스란히 남아 있다.

광천장, 2022

광천장을 둘러보고 한용운 생가에 들렀다. 만해 한용운 선생 동상 뒤로 단아한 초가집이 보이고, 야외에 한용운 선생의 어록과 민족시비공원이 조성돼 있다. 아무도 없는 만해정에 앉아 선생이 당대에 활동했던 모습을 상상하며 그의 시 「복종」을 읊조려본다.

> 남들은 자유를 사랑한다지마는, 나는 복종을 좋아하여요/ 자유를 모르는 것은 아니지만, 당신에게는 복종만 하고 싶어요/ 복종하고 싶은데 복종하는 것은 아름다운 자유보다도 달콤합니다/ 그것이 나의 행복입니다.

붉은 가을을 알알이 펼쳐놓은
-대천장

여행은 내게 있어 또 다른 삶이다. 소설가 헤르만 헤세는 "여행을 떠날 각오가 되어 있는 사람만이 자기를 묶고 있는 속박에서 벗어날 수 있다"고 했다. 자기가 시간을 어떻게 운영하느냐에 따라 자기 삶도 달라진다. 기차를 타고, 버스를 타고, 혹은 걸어 장터에서 사람들을 만나 이야기하고, 장터 구석구석을 관찰하다 그 지역 문화유적지를 찾아간다. 혼자 여행을 하다 보면 내가 어떤 풍경을 좋아하는지, 어떤 사람과 이야기를 나누고 싶어 하는지, 한번도 생각해보지 않았던 것이 나를 깨운다. 그리고 내 마음에 더 귀를 기울이고 내가 좋아하는 것이 무엇인지 생각하게 된다. 결국 나를 만나기 위해 떠난다. 내가 '나'의 친구가 되어 질문하고 대답을 하다 보면 어느새 목적지에 와 있다.

오늘은 장항선 기차를 타고 대천역으로 간다. 차창 밖으로 스치는 풍경이 눈길을 사로잡는다. 길가의 나무는 아직 가을옷을 입지 않아 초록 세상이고, 아직 벼를 베지 않은 들판은 샛노랗다. 샛노란 들판에 고여 있던 침묵이 기차의 덜컹거림에 일제히 깨어난다. 한 무리 풀무치 떼가 덩달아 기차 소리를 뒤쫓다 넘어지는 모습이 그려진다. 대천역에 내려 주변 사람에게 물어가며 장까지 걸었다. 느리게 주변을 구경하며 이십여 분 걸었더니 둥그렇게 펼쳐진 차일이 지붕처럼 나타난다. 파라솔 밑에 하루치 삶을 부려놓고 앉아 있는 장꾼들의 삶이 한데 어우러져 훈기가 퍼지고 있다.

대천장 난전은 고려정형외과를 비롯한 약국 앞에 장사진으로 펼쳐진다. 온통 붉은 가을이 통째로 할매들 앞에 각양각색의 모양으로 펼쳐져 있다. 산과 들과 밭에서 채취한 농산물은 화폭에 물감을 뿌려놓은 듯 사람들 발걸음을 멈추게 한다. 청라 옥계에서 감을 갖고 나온 박 씨(93세)는 포대에 대봉감을 펼쳐놓고 지팡이에 의지한 채 쏟아지는 햇빛을 고스란히 받으며 삼매경에 빠져 있다. 지나가는 사람이 '얼마에 파느냐?'고 물어봐도 귀가 어두운지 아무런 대답이 없다. 옆에서 지켜보니 물기 없는 할매 얼굴이 검붉은 대추 같

대천장, 2012

대천장에 가려면

장항선 기차를 타고 대천역(용산-대천역 2시간38분 소요)에서 내려 15분-20여 분쯤 걷다 보면 장이 나온다. 청소면에 있는 청소역은 대천장에서 버스로 20여 분 소요, 택시10분 소요. 장현리에 있는 귀학송은 대천장에서 버스로 30여 분, 보령 성주면에 있는 성주사지는 806-1번 버스 이용하면 25분 걸린다. 택시는 13분 소요. 코로나 이후 버스 이용이 원활하지 않아 택시를 이용하는 게 편리하다.

대천장, 2012

아 애잔해 보인다.

대천장의 모습을 담기 위해 병원 옥상으로 올라갔는데 바람에 옥상문이 잠겨 한 시간 이상 갇혀 있었다. 바나나를 손에 들고 가는 아재, 붉은 가을을 알알이 펼쳐놓은 할매들, 설익은 모과와 호박을 파는 아짐, 빨간 파라솔 밑에 붉은 고추가 더욱 붉어 보이고, 햇빛을 가리기 위한 우산이 옆으로 기울어 콩들이 재잘거리는 소리가 옥상까지 들린다. 잠긴 문을 수없이 두들겨봐도 올라오는 발소리는 들리지 않는다. 이렇게 밤까지 갇히는 것 아닐까, 다시 두드려봤지만 허사였다. 다시 옥상 끝으로 가서 장터를 내려다보고 있는데 문 여는 소리에 달려갔더니 간호사가 책망한다. "바람에 문이 닫힐 수 있으니까 올라가지 말라고 했잖아요?" 짜증 섞인 목소리로 흘겼지만, 문이 열린 반가움에 책망하는 소리도 음악처럼 들렸다. 고맙다는 말만 연신하며 병원 계단을 빠져나와 콩을 까고 있는 할매 옆에 살그머니 다가가 앉았다. 그제서야 놀란 가슴이 진정되었다.

콩을 갖고 나온 유 씨(82세) 할매는 서리가 내리면 생것이 나오지 않아 마지막이라며 해콩을 권유한다. "사돈이 장에 간다고 거름통 지고 따라나서는 것처럼 저 노친네가 내 따라 장에 첨 나왔시유. 그란게유. 저 할매 콩좀 사줘유. 몸뚱이가 땅인 것처럼 일만 헌당게유." 내가 오천원을 내밀자 장터에 첨 나왔다는 박 씨 얼굴에 웃음꽃이 피어난다. 장사를 해본 적 없는 사람은 "내 것좀 팔아줘유"라는 말이 목구멍에서 나오지 않는다. 달력에 동그라미를 치고 기다렸을 장날인데도 말이다. 유 씨 할매가 대신 팔아주는 모습에서 사람 사는 정이 느껴진다. 유 씨 할매가 사는 청소에는 5 · 18민주화운동을 배경으로 한 영화 「택시운전사」를 촬영했던 청소역이 있는 곳이다. 장항선에 있는 가장 오래된 간이역으로 지금은 문화재로 등록되어 있다.

대천장은 매달 3일, 8일, 13일, 18일, 23일, 28일에 열린다. 대천은 서해바다로 큰물이 흐른다고 해 붙여진 이름으로 보령의 중심지다. 어촌마을이었던 대천이 보령의 중심지로 성장하게 된 것은 일제강점기 때 대천에 미곡창고를 설치해 서해안 지역의 농수산물을 모았기 때문이다. 그 당시 보령 지역은 대천해수욕장과 무창포해수욕장이 널리 알려졌고, 석탄을 채탄하는 탄광도시였다. 대천역에 사람들이 모이면서 역 인근에 자연스럽게 시장이 형성되어 지역주민의 생계수단이자 사람과 사람이 교류하는 장소가 됐다. 보령과 인접해 있는 홍성과 서천에서 장항선 기차를 이용해 대천장을 오갔다고 한다. 특히, 보령

대천장, 2012

대천장, 2022

내천장, 2022

을 상징하는 머드축제는 갯벌이 준 선물이다. 대천해수욕장의 진흙이 화장품 소재로 쓰일 만큼 피부미용에 좋다는 것이 알려지면서 매년 대성황을 이룬다. 특히 외국인들이 즐겨 찾아 세계적인 행사로 발돋움하고 있다.

장터는 철 따라 옷을 바꿔 입는다. 11년 전에 왔을 때는 추운 겨울이었다. 농촌이 한가한 겨울이면 장보는 사람이 많다. 장사에 경험 없는 농민들도 돈을 사기 위해 농산물을 들고 나온다. 배추 몇 포기, 무 몇 개, 마늘 몇 봉지, 들기름 두 병, 고구마순 두 묶음, 찹쌀 두 봉지, 팥 한 봉지 등을 펼쳐놓아도 아무도 탓하지 않는다. 추위를 이겨내기 위해 비닐로 몸을 감싸고, 목도리를 두르고, 모자를 쓰고 있는 엄마들 삶은 날것 그대로다. 후미진 장터 골목 처마 밑에는 고드름이 햇빛에 반사되어 한 폭의 추상화를 그린다.

대천장을 마치고 한때 2,500명이나 되는 승려들이 도를 닦았다는 성주사지를 찾았다. 임진왜란 때 불에 탄 뒤 중건되지 않아 폐사지만 덩그마니 남아 있다. 성주사가 번창했을 때에는 절에서 쌀 씻은 물이 성주천을 따라 10리 밖까지 흘렀다고 하는데 절은 간데없고, 석조물만이 절터를 지키고 있다. 통일신라 때 만들었다는 돌계단은 성주사 금당에 오르

육송(귀학송). 대천, 2022

성주사지 삼층석탑, 2022

는 길이다. 이 돌계단이 1986년 도난당해 사진에 근거해 복원했다. 돌계단 하나하나에서 역사의 혼을 느끼며 아무도 없는 성주사지를 걸었다. 긴 그림자를 곧게 드리운 석불입상이 침묵으로 다가와 엄마처럼 나를 내려다보며 웃는다.

장터에서 사람들과 이야기를 나누다보면 자신이 사는 곳에 어떤 문화재가 있는지조차 모르는 이들이 많다. 청라 장현리에 산다며 자랑하는 할매한테 귀학송을 아느냐 물으면 모른다며 고개를 살래살래 흔든다. 시골을 발견하는 사람은 도시인이라는 말이 맞다. 한산 이씨 문중에서 관리하는 귀학송은 서로 다른 뿌리에 여섯 가지가 곧게 뻗어 있어 육송나무로 불린다. 육송 옆에서 소시락소시락 벼가 익어가고 있다. 농민이 가난하면 나라 전체가 가난하다는 폴란드 속담이 있다. 쌀은 삶이다. 88번 농부의 손길을 거치고 나야 쌀이 된다. 육송 옆 논에서 벼가 익어가는 풍경과 놀다가 서둘러 대천역으로 향해 기차를 기다리고 있는데, 저무는 햇빛이 말을 걸어온다. 내 안에 있는 나와 만나는 시간이다.

곰처럼 우직한 사람들이 모이는 곳
-보령 웅천장

웅천역에 내리자 무채색 풍경이 펼쳐진다. 창밖으로 먼 시골 마을이 고즈넉이 보이고, 논 주위 작은 둠벙에서 물오리 떼가 놀고 있다. 어릴 적 집에 온 것처럼 고향의 냄새가 축축하게 다가온다. 물에서 놀던 물오리 가족이 휑하니 올려다본다.

농지개혁이 되어 있지 않은 전형적인 농촌풍경이 어렸을 적 보았던 고향마을과 같다. 모심기가 끝나면 논두렁에 콩을 심어놓고 비 오는 날이면 콩잎이 젖을까 우산을 들고 논둑에 동그마니 앉아 있었다. 나락이 익어가는 초가을이면 봉창문으로 들어오는 나락 익는 냄새에 내 마음에도 조금씩 살이 붙었다. 봉창으로 들어오는 것은 나락 냄새뿐 아니라 오리들이 조잘거리는 소리, 돼지우리에서 밥 달라며 꿀꿀대는 소리, 닭들이 물 한 모금 마시고 쳐다보는 하늘의 오후 햇살까지 봉창문을 통해 들어왔다. 뒷집 순덕이네 집 앞에 있는 나무가 흔들릴 때마다 봉창문에 그려진 그림자는 도깨비 같기도 하고, 술 취한 기천 아재가 너울너울 어깨춤을 추는 듯했다.

보령 웅천장은 모시로 유명했던 남포 중심의 시장으로 1928년 장을 열었다. 웅천은 큰 강이 흘러 큰내 또는 한내라고 불렀으며, 웅천에 섰던 장을 한내장이라 불렀다. 또한 웅천은 오래전 백제 유민들이 이룬 큰 마을로 넓은 들을 품고 있는 산줄기가 곰을 닮았다는 유래에서 이름이 붙여졌다고 전해진다. 또한 1931년 장항선이 개통되면서 지금 장터로 옮겨 매달 2일과 7일이 들어간 날이면 장이 열린다. 웅천은 조선시대 최고의 벼루인 남포벼루와 우리나라에서 손꼽히는 비석 재료인 천년이 지나도 변하지 않는다는 남포 오석의 생산지로 유명하다. 웅천장을 조금만 벗어나면 석재박물관을 재현한 듯, 길가에 돌로 만든 작품이 산더미처럼 쌓여 있는 거대한 돌숲이 나온다. 남포 오석은 여전히 웅천 지역의 지역경제를 움직이는 큰 버팀목이다.

웅천장은 웅천역에서 느린 걸음으로 10여 분 걸으면 나온다. 웅천역에서 조금 내려가

보령 웅천장, 2022

보령 웅천장, 2012

웅천장에 가려면

장항선 기차를 타고 웅천역(용산-웅천역 2시간 50분 소요)에 내려 10여 분 걸으면 웅천장이다. 웅천돌문화공원은 웅천장에서 도보로 20여 분 소요. 버스가 다니지 않는 길이기 때문에 천천히 걸으면서 석재공장에서 돌 다듬는 풍경, 오석으로 빚어놓은 다양한 예술품을 감상하면서 가면 지루하지 않다.

면 옛 웅천역이고, 여기서 5분여 더 걸어가면 웅천장이다. 10년 전 웅천장은 난장으로 열렸는데 지금은 번듯한 장옥(場屋)이 세워져 옛 장터 흔적은 사라지고 없다. 그러나 장에 나오는 사람들은 장옥보다 난전을 더 좋아한다. "요것들이 여름에 비를 몇 번 맞았는지, 햇빛을 얼마나 더 받았는지, 덜 받았는지, 바람 소리와 새소리를 얼마나 들었는지 다 알아유? 요놈들이 말을 못하는 것 같지유. 아니구만유. 지들 방식으로 사람들과 다 통해유." 수부리에서 온 신순희(76세) 할매가 내가 쪼그리고 앉아 우슬 뿌리를 만지자 하는 말이다. 할매는 45년째 손수 농사지은 것으로 장사를 해오고 있다. 오늘은 구절초, 우슬 뿌리, 도라지, 잔대, 헛개나무 열매, 오갈피 열매, 마늘, 무, 파를 갖고 나왔다. 마치 산과 들, 밭 한쪽이 할매를 따라 세상 밖으로 나온 듯하다. 할매는 연신 말을 하면서 손으로는 금방 뽑아온 쪽파를 다듬었다.

바로 옆 난전에서는 60년 장사해온 최진원(95세) 할매가 딸에게 장사법을 전수하고 있다. 엄마한테 장사를 배우는 황 씨(63세)가 시금치를 다듬고 있는데, 딸을 바라보는 엄마의 모습이 애잔하다. "엄마가 고생스럽다고 첨엔 장사 못하게 했시유. 성격이 괄괄해야 장사도 잘허는디, 말수가 적은 내가 장사하겠다고 허니 말릴 수밖에 없쥬. 지금도 엄마한테 나오지 말라고 허는디 걱정되니께 나와유. 세월이 약이라고 허다 보면 되겠쥬." 시금

보령 웅천장, 2022

보령 웅천장, 2012

보령 웅천장, 2012

보령 웅천장, 2012

치를 다듬던 황 씨가 손을 놓고 수줍게 웃는다. 뒤로 물러나 앉아 있는 엄마, 엄마 앞에서 장사하는 딸을 보니 끝없이 반복되는 삶의 여정이 굴러가는 수레바퀴 같다. 세상 사는 힘은 엄마한테 비롯된다.

웅천에 있는 산을 다 돌아다니며 약초를 캔다는 이재동(82세) 할배가 사람들을 불러세워 우슬 뿌리를 펼쳐놓고 약장수 마냥 약초 설명에 열을 올리고 있다. "우슬 뿌리가 정력에 좋다고 허드만유. 관절에 좋다고 팔았는디, 남자 힘쓰는 데도 좋다네유. 싸게 줄 텐데 한 근씩 사가유." 주위에 모여 있던 아저씨들이 난처한 듯, 서로 얼굴을 바라본다. 바로 옆에서 이성자 엄마가 채소를 다듬으며 피식피식 웃는다. 이성자 씨는 10년 전 난전에서 약초를 팔았었다. 우슬 뿌리만 갖고 나온 이 씨 할배 코가 납작해져 조용해진 틈을 타고 이성자 씨가 걸팡지게 한마디한다. "남자 거시기에 좋은 것이 뭔지 알아유. 고것이 뭔가 하먼유, 풋고추유."

10년 전 웅천장서 54년 뻥튀기 장수로 웅천 여인들 얼굴을 모두 안다며 큰소리 뻥뻥 치던 할배도 보이지 않고, 할매들 속주머니 돈을 받고 덤을 주지 못해 안타깝다는 국화빵을 구워 팔던 김 씨 아재도 보이지 않고, 새우와 멸치를 바구니에 담아 펼쳐놓고, 바로 옆에서 물건 팔리는 모습을 부러운 듯 바라보며 멸치와 새우를 만지작거리던 강 씨 할매도 보이지 않는다. 옛 웅천장 모습이 영화 속 장면처럼 흐릿해진다.

"웅천장은 아낙네들이 팔 것을 머리에 이고 나와 맨들어졌다고 허드만유. 여그 말이 많이 느리지유. 다 이유가 있당께유. 삼국시대 때 내포 지역이 낮과 밤이 달랐대유. 낮에는 백제, 밤에는 신라였다가 거꾸로 될 수도 있었대유. 그란께 어느 편도 들 수 없다 보니께 사람들 허는 말이 긍께 말이여, 잘 모르것시유 이러믄서 상황을 봐가면서 말하다 보니 듣는 사람은 환장허지유." 유곡리에서 온 심성구(87세) 할배가 충청도 사람들 말이 느린 이유를 이야기하는데 옆에서 듣고 있던 박 씨(93세) 할배와 심덕구(86세) 할배가 맞장구를 쳤다. 삼총사라는 할배들은 웅천장의 터줏대감으로 장날마다 나온다. 빨간 플라스틱 광주리를 들고 다니던 할배가 나란히 서서 사진을 찍어달라며 포즈를 취해주어 잠잠하던 장터가 들썩거렸다.

장터에서 어르신들을 보면 시샘이 대단하다. 한 사람이 사진 찍히면, 왜 자기는 찍어주지 않느냐며 서운해한다. 장터에 가면 사람과 사람이 한 덩어리로 어울려 다양한 색채로 그림을 그리듯, 떡 한 쪽도 나눠 먹으며 마늘을 손질하고, 쪽파를 손질하면서 말을 주고받는다. 농사일하면서 자연과 동화된 삶을 살아온 여인들 손끝이 장터에서 더욱 빛나 보인다. 그리고 어매들 손끝에서 흘러나오는 농작물 하나하나가 내 눈에는 모두 귀해 보인다.

낯선 곳에 오면 설렘과 긴장감으로 마음이 바빠진다. 장터를 둘러본 후 20여 분 걸리는 웅천돌문화공원으로 가는데 비가 추적추적 내린다. 겨울을 재촉하는 가을비가 을씨년스럽다. 양쪽 길옆으로 웅천의 명물인 까만 돌 오석(烏石)으로 만든 탑과 불상, 비석 등이 가지각색의 모양으로 서 있거나, 누워 있거나, 앉아 있다. 천년이 지나도 변하지 않는다는 신비한 돌의 모양새가 저마다 고유한 이야기를 품고 있는 듯하다. 오석은 풍화된 암석 사이에서 채취한다. 천년 세월의 풍파를 견디는 흑색 사암으로 갈면 갈수록 검은색으로 도드라진다. 요즘은 벼루나 비석 외에도 생활용품과 작품 재료로 귀하게 쓰인다.

웅천돌문화공원에 들어서면 오석 위에 시(詩)를 새긴 시비가 반긴다. 산책로를 따라 올라가면 백제시대 무덤으로 추측되는 돌방무덤이 있고, 전시관 안에는 옛 석공들이 사용하던 공구가 전시되어 있다. 석재문화 역사에 대한 자료와 오석을 채취하는 과정도 볼 수 있다. 돌문화공원 막다른 산책로에 접어들면 팔각정이 나온다. 정자에 오르면 웅천읍을 한눈에 내려다볼 수 있다.

시간이 멈춘 마을

-서천 판교장

기차 안에서 바깥 풍경을 바라보면 영화관에 앉아 있는 느낌이다. 풍경이 파노라마처럼 휘~리릭 지나가고, 갑자기 터널을 통과하는 덜컹거리는 소리는 내 마음까지 콩닥거리게 한다. 녹슨 철길은 고장 난 라디오처럼 삐걱거린다. 철길 너머에는 당산나무가 작은 마을을 감싸안고, 비닐하우스에는 마늘과 양파 주머니가 올망졸망 매달려 안주인의 손길을 기다린다. 신례원역 근처에 다다르자 바다처럼 넓은 비닐하우스가 펼쳐지는데 손으로 튕겨보고 싶은 욕망이 일어난다. 예산 신례원은 쪽파 생산지로 유명하다.

판교역에 내려 판교장으로 가는데 들깨를 수확하는 구기영(76세) 아재를 만났다. 47년

판교역, 2022

서천 판교장, 2012

동안 개인택시를 했다는 구 씨는 “길 위를 달리다 땅에서 흙하고 사니께유. 힘들어도 좋아유. 내 손으로 씨뿌리고, 풀 뽑다 보믄유. 땅과 한통속이 돼유. 풀허구 전쟁 끝나면 작물 자라는 게 눈에 보여 재미져유.” 구 씨 아재는 판교 자랑을 하면서 연신 도리깨로 들깨를 털었다. 고추밭에는 검붉은 고추가 듬성듬성 매달려 있고, 그 뒤로 수확하지 못한 논에서 소시락거리며 샛노란 나락이 손짓한다, 어렸을 적 내 마음을 살찌우게 했던 나락 냄새를 끙끙거리며 맡아본다.

구 씨 아재와 인사를 나누고 판교장에 도착하니 장은 이미 파장이 되어 판교중학교 학생들이 벽화 그리는 봉사를 하고 있었다. 벽화 그리는 모습을 구경하던 신동자(82세) 할매는 우시장이 섰던 자리를 가리키며 울먹거렸다.

판교장 뒤쪽으로 발길을 돌리면 낡고 오래된 건물이 기다린다. 일제강점기 건물 ‘장미사진관’을 비롯해 녹슬어가는 철대문, 기울어진 목조건물, 유리창에 그대로 붙어 있는 옛 상호 등, 마치 시간이 멈춘 듯한 풍경이다. 폐허처럼 건물만 덩그러니 남아 숨어 있는 이야기를 꺼내듯, 멈춰 있던 시간이 재깍재깍 소리를 내고 있다.

서천 판교장, 2015

서천 판교장, 2012

판교장과 '시간이 멈춘 마을'에 가려면

장항선 기차를 타고 판교역(용산-장항 3시간 11분 소요)에서 내린다. 판교역에서 판교역 표지판을 따라 왼쪽으로 걷다 보면 지하도가 나오고, 인도로 조금 걸어가면 시간이 멈춘 마을, 옛 판교역, 조금 걸어 내려가면 판교장이 나온다. 느리게 걸으면 15분 소요. 판교장도 변화를 거듭해 난장이 서는 담벼락에 우시장 풍경이 담겼다. 장옥을 가리는 칸칸마다 옛 장날 풍경이 재현돼 한 편의 풍속 드라마를 보는 듯하다.

판교장이 서는 판교 현암리 일대를 '시간이 멈춘 마을'로 지정해 장미사진관, 판교극장 등 보존 가치가 높은 건물을 리모델링하고 문화를 체험하는 공간으로 만들어 2021년 근대 문화공간으로 지정됐다. 이는 잘 알려진 것만이 문화가 아니라, 사소하고 작은 것도 문화유산이 될 수 있다는 것을 말해준다. 이곳은 왜 시간이 멈추어버렸을까. 장꾼이 없는 텅 빈 판교장 담벼락과 장옥 바깥으로 우시장을 비롯해 죽물을 사고파는 모습, 가마솥을 구경하는 사람들, 곰방대를 한아름 안고 소 뒤에 서 있는 아재들, 주막집 여인에게 농을 거는 사내 등, 옛 장터의 모습이 그려져 오래된 풍속화를 보는 듯하다. 곰방대를 안고 있는 아재가 튀어나와 쌈지에 든 담배를 피워물고, 어슬렁거리는 할배를 붙들고 곰방대를 파는 모습이 어른거린다.

등록문화재로 등록된 동일주조장은 이 지역 최고의 부호가 운영하던 술도가로 2000년까지 주막과 마을 사람들에게 술을 공급했다. 지금은 추억의 지난 세월을 말하는 건물로 서 있다. 아버지 심부름으로 농주가 담긴 주전자를 한방울 한방울 마시다가 취해 논두렁에 벌렁 누워 잠들었다는 어렸을 적 까까머리 동무 얼굴이 눈앞에서 서성거린다. 또한 명절 때마다 수많은 주민들이 줄을 서서 차례를 기다렸다는 오방앗간 건물은 시간과 자연이 덧칠한 붓터치가 묻어나 추상화 같다.

매월 5일, 10일, 15일, 20일, 25일, 30일 열리는 판교장은 반짝장이다. 오전 10-11시쯤 할매들은 막걸리 한 잔씩 돌리며 보따리를 싸지만, 오후 2-3시까지 오지 않는 사람을 하염없이 기다리는 장꾼도 있다. 장돌뱅이들은 서로 정보를 공유하기 때문에 사람들이 많이 모이는 장을 찾아간다. 2015년 판교장을 찾았을 때는 오일장의 풍류를 느낄 수 있었다. 장옥 옆으로 코스모스가 만발해 사람들이 제법 오갔다. 효자손 하나 사기 위해 만물상 단골집을 찾은 박 씨 할배는 "여그 장사하는 노인들 돌아가시면 여그 장도 끝나 것지유. 나 같은 노인은 지금도 장날만 기달리쥬. 마땅히 살 것도 없는데 장날이면 나온당께유." 농촌의 현실을 있는 그대로 보는 것 같아 마음이 씁쓸해진다. 그렇지만 지금 판교에 새바람이 불고 있다.

판교장 장옥 안에서 옷을 파는 전옥자(64세) 씨는 25년째 판교장을 지키며, 단골손님 취향까지 파악하고 있다. 외상으로 가져가 돈이 생기면 장에 나오는 단골 할매 머리 모양 바뀐 것까지 알아차린다. 전 씨는 지나가는 사람을 불러 믹스커피 타주는 재미에 사는 것

서천 판교장, 2023

서천 판교장, 2015

서천 판교장, 2015

처럼 나한테도 커피를 타 주었다. 커피를 마시며 이야기를 하는데 신춘자(83세) 할매가 일할 때 입는 바지를 고르며 "나이 들면 몸도 변해유. 밑이 길어야 헌께 손바닥으로 재왔시유. 허리가 굽은께 밑 짧은 바지 입으면 밭매다 허리춤 치켜올리느라 일도 못해유." 기역 자로 굽은 허리로 밭일을 할 수 있는 것도 감사하다는 할매가 세상 누구보다 부자 같아 보인다. 나도 모르게 할매 손을 잡으며 10년 후에 만나자는 약속까지 했다.

판교장에서 가장 눈길을 끄는 건물은 '장미사진관'이라 불리는 일본식 2층 목조건물이다. 오일장과 옛 우시장이 연결되는 곳으로, 일제강점기 때 판교면을 통치한 일본인 부호가 사용했던 건물이다. 쌀을 빌려줄 때 일본말을 못하면 빌려주지 않았다고 한다. 해방 후 이곳은 쌀 상회에서 예배당에 이르기까지 여러 용도로 사용되다가 지금은 '장미사진관'이란 이름으로 남아 있다. 판교장 뒤편, 장미갤러리에는 현재 마을에 사는 현암리 사람들의 모습이 전시되어 과거와 오늘을 이야기해주고 있다.

요즘은 장터에 가면 가장 오래 장사하는 곳을 찾아다닌다. 70여 년 장사하면서 판교장의 흥망성쇠를 지켜본 성림상회 주인 차종희(87세) 할배를 만났다. 십대 때 건어물 장사로 시작해 안 해본 장사가 없다는 할배는 신용을 지키는 일이 중요하다고 했다. 팔십 평생 배운 게 신용이라며 걸어온 길을 되돌아보듯 회한의 미소를 지었다. "판교장에 처음 나온 물건이 뭔지 알아유. 고것이 필모시구먼유. 그담에 우시장이 들어서더만, 생선 장수가 들어왔시유." 그리고 점차적으로 생필품을 파는 장꾼들이 오면서 사람들로 넘쳐나 어깨를 부딪쳐야 지나갈 수 있었다고 한다.

해가 긴 그림자를 그리며 장터 앞 평상을 지나갈 즈음, 동네 할매들이 평상에 앉아 도란도란 이야기를 나누고 있다. 스무 살에 시집와 지금까지 살고 있다는 신동자(82세) 할매는 "소시장 있을 때가 좋았지유. 80년대 초까지 윈체 사람이 많아 논게 죄다 도토리묵 쑤어 팔아, 지나가는 개도 돈을 물고 다녔당께유. 다들 가난하고 힘든 시절이었지만 그때가 사람 사는 세상이었쥬. 암먼유. 근디, 요새는 빈집도 많고, 노인들만 살아서 장날 아니믄, 사람 구경도 못하고 고양이 새끼만 본당께유." 날이 저물면서 사그라지는 햇빛이 할매들을 지그시 내려다보고 있다.

옛 판교역은 1930년 장항선을 통과하는 역으로 일제강점기 때 식량 수탈과 징용을 위해 만들어졌다. 영화 속 한 장면처럼 박제된 듯 지난 시간이 묶어져 있다. 역 앞에 서 있는

서천 판교장, 2022

서천 판교장, 2022

서천 판교장, 2023

소나무는 역사를 증언하듯, 이 지역의 희로애락과 함께했다. 가족과 끝없이 헤어지고 만났던 서러운 상처, 징용으로 끌려가는 자식을 보내며 울부짖던 소리, 산업화 시대를 맞아 청춘의 꿈을 안고 무작정 도시로 떠나는 이들을 바라본 소나무는 사람과 자연이 한 덩어리로 엉켜 삶의 무늬가 새겨졌다. 바로 옆 음식 테마촌에는 누룽지처럼 고소한 콩전과 고구마 전분과 도토리 가루로 면을 만든 냉면집이 유명하다. 시간이 멈춘 낡은 건물들이 문화를 입으면 어떻게 변할까. 우시장으로 유명했던 판교장은 옛 시절을 재현할 수 있을까. 기차를 타기 위해 '시간이 멈춘 마을'을 빠져나오는데 뒤에서 무엇인가가 내 옷자락을 붙잡는다. 그때! 재깍거리는 시계 소리가 길 위에 번진다.

사람이 중심이 되는 그곳, 장터에 가면
-서천 특화시장

백제 향기가 흐르는 서천은 금강을 사이에 두고 작은 냇물이 펼쳐져, 수려한 지역을 이룬 곳이라 하여 서천(舒川)이라 부르게 됐다. 서쪽 연안과 유부도 주변에 있는 서천갯벌은 2021년 유네스코 세계자연유산에 등재됐다. 서천갯벌이 국가산업단지로 지정되어 매립될 뻔했지만 어촌마을 주민들이 지켜냈다. 또한 한국의 3대 철새도래지로 해마다 멸종위기 종인 검은머리물떼새, 노랑부리백로, 저어새 등 많은 물새가 쉬어가는 정류장 역할을 한다. 금강하구가 서해와 만나는 천혜의 생태보고인 자연친화적인 갯벌을 갖고 있다. 갯벌 세상도 우리 인간 세상과 마찬가지로 서로 먹고 먹히는 먹이사슬의 순환을 통해 생태계가 건강하게 유지된다.

서천 특화시장은 조선시대에는 현재의 장터가 아니라 웃다리말 동쪽과 신송리에 장이 섰는데, 인구가 많아지자 지금의 자리로 이전했다. 오랜 역사를 지녀온 장터가 수산물 점포와 식당을 갖춘 현대식 특화시장으로 2004년 재개장되었다. 넓은 주차장을 지나 파란 지붕의 수산물동을 중앙에 두고 사방으로 장이 열린다. 수산물동 2층에는 식당이 준비되어 1층에서 살아 있는 활어를 사서 2층 식당에서 먹을 수 있다. 또한 1층 일반동에는 여행객을 위한 갯벌 체험에 필요한 호미와 장화를 갖춰놓고 판다. 특히 수산물 건조를 위한 실내 위생건조장을 갖춰, 조기며 박대 등을 말리는 짭조름한 냄새가 코끝을 자극한다. 장날은 2일, 7일, 12일, 17일, 22일, 27일이다. 한 달에 두어 번 첫째 주, 셋째 주 화요일에 휴장하는데 오일장이 겹치면 다음날 쉰다.

1층 수산물동에 들어서면 생명체의 힘을 느끼게 된다. 서해에서 갓 잡아온 생물들이 비좁은 수족관에서 온갖 춤사위를 보여준다. 한참을 물끄러미 바라보고 있는데 구 씨(78세) 아짐이 한마디한다. "요놈들도 스트레스 많이 받아유. 납작허니 엎드려 있는 것 같아도 사람 소리를 들을 줄 안단께유. 광어는 스트레스 받으면 살이 쭉 빠져유. 그란께 숨 쉬

서천 특화시장, 2011

서천 특화시장, 2011

서천 특화시장, 2011

는 생물은 건드리면 안 되쥬. 요놈들도 사람이나 별반 차이가 없다는 것을 생물 장수 40년 지나고 알았시유. 말 없는 짐승한테 속얘기헌다고 허든디유. 나도 요놈들한테 하소연 허드랑께유." 구 씨 아짐은 대야에 들어 있던 주꾸미가 밖으로 탈출하려는 것을 안으로 들이밀며 멋쩍게 웃었다.

바로 옆 건어물 파는 곳에는 서천 김과 말린 새우, 멸치 등이 온갖 몸치장을 한 채 다소곳이 앉아 있고, 한 집 건너에는 서천의 명물 자하젓을 비롯해 젓갈들이 먹음직하게 담겨 있다. 젓갈집 서 씨 할매는 "요 자하젓이 말이여, 임금님 밥상까지 올라간 유명한 젓갈이유. 요 새비[새우]좀 봐유. 깨끗한 물에서만 놀다 잡힌 것이라 때깔이 나쥬. 한 통 사가유." 할매는 금방 검은 봉다리를 뜯을 판이다. 1층에서 파는 물건들을 둘러본 후 밖으로 나왔다. 들판이 훤히 보이는 곳에 난장이 펼쳐졌다. 가을 햇살에 익어가는 나락 냄새에서 샛노란 소리가 들린다.

문산면 천방산에서 참깨 두 봉지를 갖고 나온 박 씨(80세) 할매가 땅바닥에 철푸덕 앉아 있다. 아마도 빈자리가 있어 난전을 펼친 듯하다. 빨간 모자 안에 얼굴을 감추고 하늘색 점퍼를 입고 두 손을 가지런히 포갠 채 앉아 있다. 코로나 이후, 장사가 안돼 물건을 많이 가져오지 않는다며 살포시 웃는 입가가 하얀 깨꽃 같다. 그런데 깨알들이 무슨 할 말이라도 있는 듯 날 불러 할매 앞에 앉힌다. 봉지 속에 들어 있는 그네들의 조잘거리는 소리가 들린다. 호미로 자기를 아프게 했던 일, 비 오는 날이면 젖지 않게 옷을 입혀주던 일, 고개를 숙이고 있으면 물을 주던 일 등, 그렇게 애지중지 키워, 다른 사람에게 시집가면 할매 입이 귀까지 걸린다며 서운해하는 그네들의 웅얼거리는 소리가 들리는 듯하다. 아주 천천히 느리게 그네들 옆에 머물다 보면, 그들이 간직하고 있던 숨은 이야기가 들린다. 씨앗이 땅속에 내려가 뿌리를 내리고, 자연과 사람이 한몸이 되어 공들여 키워낸 시간이 보인다.

난전에서 헌 우산은 햇빛을 가리기에 안성맞춤이다. 나란히 우산을 줄 세워, 우산 밑에 농산물 몇 가지 펼쳐놓고 하루 시간을 태운다. 간혹 옆에 있는 사람과 언성을 높여가며 자기 물건을 팔기 위해 욕심을 부리지만 점심때가 되면 한데 모여 집에서 준비해온 밥과 반찬을 내놓고 성님이네, 아우네 하며 한식구처럼 둘러앉는다. 그들의 살벌한 싸움판에 끼어들다 낭패를 당한 일이 있어, 요즘은 흥정이 끝날 때까지 기다리는 편이다. 이날도 장암

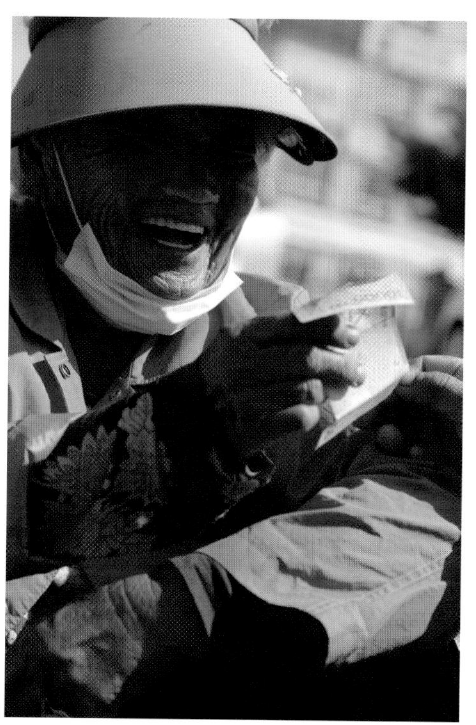

서천 특화시장, 2022

서천 특화시장, 2022

서천 특화시장에 가려면

장항선 기차를 타고 서천역(용산-서천역 3시간 7분 소요)에 내려 서천장까지 도보로 20여 분, 택시는 5분 소요. 3-14번 버스 이용하면 11분 소요. 서천 특화시장에서 내리면 된다. 서천장에서 문헌서원은 택시 13분 소요. 한산, 문산 방면으로 가는 3-8 버스를 타고 영모리, 문헌서원에서 내려 2킬로 걸어가면 홍살문이 나오고 문헌서원과 이색 묘 일원이 나온다. 문헌서원에서 조금 내려가면 이하복 고택이 있으니 함께 들러봐도 좋다.

서천 특화시장, 2022

귀가. 서천, 2013

에서 온 여 씨(84세) 할매와 화양면에 사는 한복희(73세) 씨가 장마당을 한바탕 흔들었다. 버스 시간이 다 되어 보따리를 싸려는 찰나 젊은 여인네가 물건을 보는데 여 씨 할매가 손님을 낚아채버렸다. 붉으락푸르락한 얼굴 속에 감춰져 있던 욕망이 드러난다. 만원짜리 한 장 움켜쥔 할매는 하얀 이를 드러내며 빨갛게 웃는다. 장터에서 흥정하는 모습은 삶이 살아 있는 소리다. 다채롭게 변해가는 얼굴을 보면 농촌의 현실이 떠오른다.

가을철 들녘은 벼가 익어가고, 콩이 익어가고, 들깨가 해를 향해 고개를 쳐들고 있다. 하늘은 파랗게 구름을 만들어 사람들을 질주하게 만든다. 뭉게구름이 무리지어 이동할 때마다 사람도 덩달아 웅성거리며 움직인다. 느리게 걷는 사람은 노인용 유모차를 밀며 가는 노인들뿐이다. 유모차를 밀고 가는 할매를 지켜보면 『메밀꽃 필 무렵』에 나오는 허 생원이 이끄는 나귀의 방울 소리가 들리는 것 같다. 긴 산허리에 걸려 있는 길, 나귀의 시원한 걸음, 메밀꽃밭의 풍경, 나귀가 달밤에 딸랑거리며 정적을 깨는 소리, 떠돌이 장사꾼 허 생원과 친구가 달밤에 메밀밭을 거닐며 나누는 이야기가 구름이 순간이동하듯, 허 생원의 푸념이 장마당에 꽂힌다.

우리는 언제부턴가 허 생원의 나귀가 딸랑거리는 소리를 잊고 살아왔다. 인공지능이

문헌서원, 2022

문헌서원 경현루, 2022

허 생원 나귀의 방울 소리를 재현할 수 있을까. 허 생원의 나귀 방울 소리가 잊혀지듯, 장항선 기차의 느림도 잊혀지고 있다. 장항선은 아직 일부 구간이 단선으로 느리게 가고, 철로 위에서 기다린다. 지금 직선화 정비를 추진 중에 있어 머지않아 장항선도 복선 전철화가 될 전망이다. 장항선은 느림과 기다림의 상징이다. 차창 밖으로 초자연이 펼쳐져 고향을 그리워하게 한다. 구불구불하던 간이역은 전철화로 바뀌면서 하나둘 폐역이 되어 문화재로 남겨지거나 흔적 없이 사라지고 있다. 빠르게 움직이는 세상에서 느림의 여유에 잠겨보는 장항선 기차의 덜컹거리는 소리와 허 생원이 메밀밭으로 이끄는 나귀의 딸랑거리는 방울 소리, 장터에서 사람과 사람이 인정(人情)을 나누는 소리가 이 시대에 남은 느림의 종착역이 아닐까 싶다.

서천장을 뒤로하고 문헌서원으로 향했다. 사극 드라마를 통해 본 목은 이색은 정도전의 스승으로 우리에게 친숙한 이름이다. 목은 이색과 포은 정몽주, 야은 길재는 고려삼은이라 불리며 성리학을 연구한 고려말 학자들이다. 대학자 가정 이곡과 목은 이색의 학문과 덕행을 추모하기 위해 세운 문헌서원은 이색 선생 영당 뒤 배롱나무가 장관이다. 아직 개화가 덜된 배롱나무에서 피워올린 선홍빛 꽃과 비에 젖어 푸르다 못해 녹색 융단이 깔려 있는 넓은 공원을 나홀로 걷는 호사를 누렸다. 아무도 없는 공간에서 경현루의 작은 연못에서 풍기는 자연스러운 멋에 심취하고, 한옥 대청마루에서 느끼는 따스함은 어렸을 적, 고향집 마루에 앉아 햇빛을 품고 있던 시절이 그대로 전달되어 눈을 살포시 감게 한다. 한곳에 오래 머물러 있으면 보이지 않던 것도 보이게 된다. 고향의 추억 하나와 어깨를 나란히 하고 느리게 걷는다.

모시의 본고장
- 서천 한산장

요즘 세계인들은 한류 문화에 대한 관심이 많다. 케이팝을 비롯하여 영화, 드라마까지 한글과 우리나라 전통문화에 주목하고 있다. 한산은 예로부터 모시의 본고장으로 우리 역사상 가장 오래된 지역문화유산이다. 모시는 기계의 힘을 빌리지 않고 오직 여성의 섬세한 손끝에서 만들어진다. 천오백 년 역사를 지닌 한산모시는 세대와 세대를 거쳐 전승되어왔다. 한산 모시짜기는 2011년 유네스코 인류무형문화유산으로 등재됐다. 고려와 조선시대에는 모시와 쌀이 화폐로 사용되어 장터에서 물물교환함으로써 국민경제를 이끌었다.

서천역에서 내려 버스를 기다리는데 한산장으로 간다는 신동일(78세) 할매를 만났다. 신 씨는 13세부터 모시 짜는 일을 했다며 허물이 벗겨진 손끝을 보여줬다. 모시는 일이 많다는 신 씨는 "손에 허물만 벗겨지는 게 아니유. 이 끝으로 모시를 벗기다 보면 입술에 피가 나유. 그러면 며칠 쉬었다가 아물면 또 까고, 비벼서 삼아야 하고, 오죽허면 며느리는 시키고, 딸은 못허게 허겠시유. 모시 오래 짠 사람은 앞니가 다 패였시유. 그 있잖우, 이 골난다는 말 들어보셨지. 그 말이 모시 줄기를 이로 까다에서 나온 거유. 그래드유, 새벽장에 나와 내가 짠 모시를 전깃불에 비추면 이뻐유. 그래서 또 허구 또 허구 그러쥬. 힘 안 든 일 있남유. 옛날에는 모다 힘들게 살았쥬." 신 씨 이야기를 들으면서 모시가 우리 엄마들의 정신이 깃든 생활문화임을 느끼며 할매 손끝을 바라봤다. 장터 할매들이 많이 쓰는 "내 손끝이 곧 재산이여"라는 귀한 말이 목 끝에 걸려 넘어가지 않는다. 그네들 삶은 살아 있는 색채처럼 어떤 무늬를 그리느냐에 따라 모양새가 달라진다.

한산장은 1926년 개장된 장으로 물건 거래하는 장터와 모시 거래하는 모시 새벽 장으로 구분해서 섰다. 97년 전에는 한산장을 안장이라 불렀다. 안장은 아주 작은 장으로 그 당시 아낙네들이 물건을 조금씩 머리에 이고 나와 거래하는 지금의 번개시장과 같다. 장

서천 한산장, 2012

서천 한산장에 가려면
장항선 기차를 타고 서천역(3시간 18분 소요)에 내려, 역 앞에 있는 버스정류장에서 340번 버스 이용(20여 분 소요). 버스에서 내리면 한산장 장옥이 보인다. 서천 향교는 학교 앞 철물점을 따라 10여 분 걸어가면 나온다. 한산장에서 신성리 갈대밭까지 가는 버스가 드문드문 있기 때문에 택시를 이용하면 편리하다. 택시로 10여 분 소요.

에서는 어느 한쪽이 이익을 보는 일은 없다. 동등하게 서로 필요로 하는 것을 바꾸며, 정보를 나누고, 정을 나누고, 먼 이웃과 가까운 이웃이 이어졌다. 한산장은 새 옷을 단정하게 갈아입은 장옥과 주변 난전 거리에서 1일, 6일, 11일, 16일, 21일, 26일이면 열린다. 모시장이 열릴 때는 하루 전부터 한산장 주변이 북새통이었는데 지금은 모시 생산 부족으로 모시장은 열리지 않는다. 모시는 습도를 유지해야 하므로 이슬이 촉촉이 내리는 새벽에 장이 섰다. 새벽 네 시부터 우리나라에서 유일하게 모시장이 열렸는데 모시를 갖고 나오는 사람이 없어지자 새벽 장은 열리지 않고 일반 장만 열린다.

11년 전, 한산장에서 태모시를 팔았었다. 쪽파와 대파를 한 아름 펼쳐놓고 파는 허 씨(69세) 아짐에게 요즘 태모시 나오느냐 묻자 손사래를 친다. "태모시고, 필모시고 우덜도 구경 못한 지 오래됐시유. 편한 일만 찾아나서는 젊은 것들이 모시 짤라고 허것시유. 모시 짤 줄 아는 할매들은 늙어서 일 못허고, 일헐 사람이 없어유." 11년 전 정채희 씨는 모시 농사를 직접 지어 태모시를 팔기도 하고, 구입해가며 난전에 펼쳐놓았었다. 정 씨 난전에 모인 엄마들이 모시를 만져보고, 입으로 까보면서 태모시를 사는 데 두어 시간씩이나 걸렸었다.

서천 한산장, 2022

한산장은 오전에 잠깐 열리고 이후엔 이름처럼 한산하다. 남아 있는 장꾼들도 짐을 꾸릴 채비를 한다. 장옥 맞은편 소곡주 갤러리에서는 시음도 하고, 구매할 수도 있다. 11년 전 장터 흔적은 찾아볼 수 없이 변했다. 한산 모시장은 문이 굳게 닫혀 있고, 소곡주 갤러리에만 드문드문 사람 발길이 닿는다. 천오백 년 역사를 자랑하는 백제의 명주 한산소곡주 테마 거리도 새롭게 조성됐다. 그런데 사람이 보이지 않

서천 한산장, 2022

서천 한산장, 2022

는다. 장터 골목 곳곳을 돌아다니는데 마주치는 사람이 없다. 시골에도 마트가 우후죽순 생겨 오일장이 쇠락해가고 있다. 이곳 사람들에게 장이 삶의 터전이었을 텐데 안타까운 일이다. 그러함에도 여전히 장날이면 자기가 생산한 농산물로 돈을 사러 온 사람이 있고, 이장 저장 돌아다니는 떠버리 만물상 장수가 있다.

우리나라는 된장, 간장, 김치 등 발효음식을 많이 먹는다. 삭은 맛, 곧 발효의 맛을 느끼는 혀의 미감(味感)이 발달된 민족이다. 한때는 술맛으로 그 집안의 길흉을 가늠했기에 술 빚는 정성, 술 빚는 물, 술 빚는 날을 감독했다고 한다. 술맛을 보고 술 담근 사람의 속 심정까지 알아맞혔다고 한다. 현재 서천에는 70여 개의 양조장에서 빚어낸 앉은뱅이 술 '한산소곡주'가 있다. 어느 양조장에서 빚었느냐에 따라 술맛이 각양각색이다.

한산장 앞에서 소곡주 양조장을 하는 한연숙(66세) 씨는 45년째 기계가 아닌 수작업으로 소곡주를 빚고 있다. 4대째 이어오고 있는 한 씨는 손맛과 기계 맛이 다르기 때문에 힘들어도 손으로 빚는다며, 매일 물리치료를 받을 만큼 어깨통증이 심하다며 하얀 웃음을 베어 문다. 한 씨는 "소곡주는 꼬들밥과 누룩을 잘 섞어서 비빈 후에 백 일 동안 숙성시켜유. 그리고 용수를 넣어 짠 다음 저온창고에 넣어두면 자연스럽게 술이 익어가쥬. 오래 묵을수록 감칠맛이 나유. 청춘을 바쳐 술을 빚고 있는데 술맛이 입에 앵기지 않으면 미치지유. 잠도 못 자유. 계속 맛보면서 연구하다 보니까 이젠 제맛이 납니다. 술맛이 어떤가 맛좀 보세유." 구경 삼아 들어갔는데 뜻하지 않게 푸짐한 대접을 받게 되었다. 술창고까지 보여주는데 통 속에서 부걱부걱 괴어오르는 소리가 들린다. 오랜만에 어렸을 적 우리 집 광에서 익어가는 누룩 냄새를 맡아본다. 제사가 많아 엄마는 사시사철 청주를 빚었고, 남은 것

소곡주. 서천 한산장, 2022

서천 한산장, 2012

한산향교, 2022

으로 단술을 만들어 먹었던 기억이 생생하다. 1500년 역사를 지닌 소곡주의 맛을 지니기 위해 지금도 한 씨는 매일 술맛을 본다고 했다. 장인의 힘은 공들여 자기 일을 하는 성실함에서 나오는 것 같다.

앉은뱅이 술을 몇 잔 마시고, 장에 나오니 짐을 싸기 시작한다. 장옥 주위와 난전 주위를 돌아다니는데 "이곳에 왜 왔니?" 하고 허 씨 난전에 앉아 있는 대파가 묻는다. 대답을 생각하며 장터 주변을 어슬렁거린다. 버스정류장 앞에서 알타리무를 벌겋게 버무리며 웃는 주인의 모습이 검붉다. 한쪽에는 리어카 하나가 서 있고, 녹이 슨 오래된 궤짝, 곡주 정거장 벽화, 게스트하우스의 노란 달팽이, 40여 년이 넘는 학교 앞 철물점 등, 장터 뒷골목에 아기자기한 건물과 상점이 역사를 껴안고 있다.

철물점에서 알려준 길을 따라 15분여 걸었더니 마을 뒤편에 한산향교가 서 있다. 향교 앞에는 330년 된 느티나무 두 그루가 지키고 있을 뿐, 개미 한 마리 보이지 않는다. 향교 옆 콩밭의 허수아비가 팔을 흔들며 아는 체한다.

영화 촬영장소로 유명한 신성리 갈대밭은 우리나라에서 네 번째 손꼽히는 곳이다. 갈

신성리 갈대밭, 2022

대는 밀물과 썰물이 만나는 곳에서 건강하게 자란다. 그런데 신성리 갈대는 민물에서 크기 때문에 매년 사월 초, 갈대밭을 태우고, 소금도 뿌려준다.

기차 시간이 남아 산책로를 좀더 걸었다. 강물이 거대한 힘으로 움직이는 것이 느껴진다. 속절없이 흐르는 강물을 바라보는데 하얀 바람 소리가 난다. 물방울 하나가 고개를 내민다. 갈대와 세상 돌아가는 이야기를 하다가 기차 시간을 놓쳤다. '이곳에 왜 왔니?'라는 물음표가 계속 따라다닌다. 신경림 선생의 시 「떠도는 자」가 강물 위에서 꿈틀거린다.

외진 별정우체국에 무엇인가를 놓고 온 것 같다/ 어느 삭막한 간이역에 누군가를 버리고 온 것 같다/ 그래서 나는 문득 일어나 기차를 타고 가서는/ 눈이 펑펑 쏟아지는 좁은 골목을 서성이고/ 쓰레기들이 지저분하게 널린 저잣거리도 기웃댄다/ 놓고 온 것을 찾겠다고/ 아니, 이미 이 세상에 오기 전 저세상 끝에/ 무엇인가를 놓고 왔는지도 모른다/ 쓸쓸한 나룻가에 누군가를 버리고 왔는지도 모른다/ 저세상에 가서도 다시 이 세상에/ 버리고 간 것을 다시 찾겠다고 헤매고 다닐는지도 모른다. - 신경림 시 「떠도는 자」

동백꽃이 필 무렵, 서해의 봄이 시작된다
-서천 비인장

밤낮으로 기차의 덜컹거림을 온몸으로 받아내는 철길을 달린다. 대지가 종이꽃처럼 메말라 있다. 자연은 시간의 태엽을 소리 없이 풀어내 3월로 들어선 산과 들이 푸른색으로 치장하고 있다. 바람에 폐비닐이 이리저리 휘날리는 풍경이 스산하다. 성질 급한 벚꽃이 고개를 내밀고, 농부가 논에 비료를 뿌리고 있다. 밭을 갈아놓아 흙이 술렁이는 소리가 남도 육자배기처럼 찰지다. 퇴비가 뿌려진 빈 논에 까치들이 앉아 먹이를 찾아 두리번거리다 덜커덩거리는 기차 소리에 놀라 하늘로 날아오른다. 까치는 여름이면 단독으로 생활하지만, 겨울이면 떼지어 몰려다녀 한 무리가 우르르 날아오른다.

막 물오른 봄기운이 풋사과처럼 서걱거린다. 가까이 보이는 밭에는 마늘이 푸르게 자라고, 강아지 한 마리가 밭에서 호미질하는 주인 주위를 방방 뛰며 햇빛과 노닐고 있다. 장항선 기차에서 바라본 풍경은 산 아래 마을이 있고, 길이 있고, 논밭이 펼쳐진 전형적인 농촌 마을이 이어진다. 스치는 풍경에서 봄이 기지개를 켜는 소리가 들린다.

서천역에서 내려 끝자리가 4일과 9일 열리는 비인장으로 향했다. 서천역에서 비인장까지 가는 버스가 없어 서천터미널로 갔다. 동백정으로 가는 버스를 기다리다 비인 율리에 사는 신영부(81세) 어르신을 만났다. 서천산림조합에서 사과와 배, 밤나무 묘목을 나눠줘 장날을 이용해 받으러 왔다고 한다. "요새, 비인장은 장도 아니어유. 코로나 있고 나서부텀 장시도 몇 사람 안 나와유. 비인에서 젤 유명한 동백정이나 가봐유." 10여 분 기다리니 동백정 가는 버스가 왔다. 봄기운이 올라오는 들판을 보면서 30여 분 달린 버스가 비인중학교 앞에 다다르자 신 씨 할배가 내리자며 눈짓을 했다. 비인장이 코앞이다. 학교 앞, 큰길에 묘목 장수와 과일 장수가 장날임을 알려줄 뿐 사람들의 왕래가 보이지 않는다.

비인장에 들어서니 생선 장수 서너 명이 담소를 나누고 있고, 큰 장옥에는 철물점과 옷가게, 만물상만 열려 있고 대부분 닫혀 있다. 장 끝머리에서 43년째 곡물 장수를 해온 김

서천 비인장, 2014

복례(74세) 씨를 만나 한동안 이야기를 나눴다. 비인장과 웅천장, 대천장을 다닌다는 김 씨는 작년 다르고, 올해 다르다며 "시상이 참 많이 변했시유. 같이 장사하던 사람들이 한 사람 한사람 돌아가시고, 요양원에 누워 있고, 점점 장꾼들이 오질 않네유. 장꾼이 많아야 사람들도 나오는디, 썰렁한 장에 누가 오겠시유. 교통이 존게 모다 큰 장으로 가쥬."

비인은 삼국시대부터 현이 설치돼 조선시대 말까지 주변 행정의 중심지였다. 농토보다는 갯벌이 펼쳐진 해안이었고, 지금 육지가 된 많은 부분이 바다와 섬이었다. 바닷가 마을로 고려 때부터 임진왜란 이후까지 왜구의 침입이 빈번하게 이루어졌던 곳이다. 1400년대 비인은 옛날부터 '명문이 낙향하여 자리를 정한다' 하여 '비인(庇仁)'이라 했다. 백제, 신라, 고려에 걸쳐 불교가 발달한 곳으로, 차령산맥의 낮은 구릉성 산지로 넓은 평야를 갖고 있다. 쌀과 보리, 사과, 복숭아, 참깨, 들깨 등이 생산되고, 바다가 인접해 겨울에는 각종 해산물이 많이 나온다. 여기에 아낙네들이 계절 따라 굴, 바지락, 조개 등 갯가에서 캐고 잡은 것들이 장날이면 펄떡거리며 활기를 띤다.

비인장은 서천 북부의 큰 장이었는데 인구감소로 인해 장꾼이 많지 않아 점점 쇠락의 길로 접어들고 있다. 10년 전에는 해산물도 많이 나오고, 장꾼들도 제법 많아 장터다웠는데, 코로나 이후 지역주민들 발길이 줄어들고 있다. 10년 전 비인장 사진을 보며 숨은 그림 찾듯 장터를 돌아다녔지만 50년째 장돌뱅이로 장터가 삶의 터전이라는 백윤구 씨도 보이지 않고, 멸치와 마른 생선을 팔던 김 씨, 어물과 자연스럽게 손을 잡게 되었다며 장사가 노름과 같다며 호탕하게 웃던 민 씨 아짐도 보이지 않는다. 사람이 나오지 않는 장터 주변도 썰렁한 기운이 감돈다.

선도리에 사는 전정순(76세) 씨는 굴을 팔고 있다. 전 씨는 도시에서 살다가 어렸을 때 살았던 고향에 대한 추억이 많아 도시 생활을 청산하고 고향에 내려와 살고 있다. "도시에 살 때 초등학교 동창을 만났는디유. 그 친구 보니까 고향이 그리워지데유. 친구가 고향을 지고 다녔다는 것을 그때 알았시유. 그 친구 보니까 동네 사람들이 그대로 있는지, 우리 집 옆 그 집이 아직도 있는지, 구불구불한 골목길은 그대로 있는지, 고향 지도가 그려지데유. 친구 따라 고향 간다는 말이 맞아유. 그런데 막상 고향에 와보니 할 일이 마땅치 않아 장에 나오는데 재미져유"라며 굴을 내밀며 맛보라고 한다.

비인장을 마치고 비인향교를 올라가다 냉이 캐는 비인댁 박 씨(79세)를 만나 한참 세상

서천 비인장, 2014

서천 비인장에 가려면
장항선 기차를 타고 서천역(3시간 18분 소요)에서 하차. 서천역에서 비인 가는 버스가 없어 서천터미널로 이동해 동백정 가는 버스 이용.(버스 30분 소요. 택시 10분 소요) 비인중학교 앞에서 내려 조금 걸어가면 비인장이다. 비인 향교는 비인중학교 옆길로 조금 올라가면 있다. 비인중학교 앞에서 동백정 가는 버스를 이용.(버스 30여 분 소요. 택시 10분 소요)

서천 비인장, 2014

서천 비인장, 2023

서천 비인장, 2014

이야기를 나눴다. 냉이를 캐서 장에 내다판다며 속웃음을 짓는데 흙에서 나온 향이 그윽했다. 비인댁이라는 택호는 농촌 마을에서 주민등록증에 쓰여진 이름보다 자주 불린다. 몇 해 전 남원 인월장에서 만난 김판순 할매는 병원에서 당신 이름을 불렀는데도 모르고 있다가 이름을 부른 지 한참이 지났다는 것을 뒤늦게 알았다고 했다. "아따메, 징그럽게 기달리고 있는디, 김판순을 안 부릅디다. 어째 내 이름은 부르도 안하까이, 솔찬히 기다렸는디." 장에서 만난 엄마들은 무슨 댁 아니면 누구 엄마로 통하다 보니 자기 이름이 생경스러워 지금도 이름을 알려주는 데 낯설어한다. '엄마'보다 더 귀하고 소중한 이름이 또 있을까 싶다. 엄마들이 일하는 모습을 바라보면 그저 놀랍다. 입으로 말을 하면서, 한 치 어긋남도 없이 손으로 일을 해낸다. 이 땅의 엄마들은 모두가 달인(達人)이다.

비인향교 문은 굳게 닫혀 있다. 지나가는 발걸음 하나 없이 조용하다. 담장이 낮아 향교 안이 훤히 들여다보인다. 향교는 지방 유생을 가르치는 유교 학당으로 지금으로 말하면 국가에서 운영하는 지방 교육기관이다. 1894년 과거제도가 폐지되자 교육기관으로서의 역할보다 제사를 지내는 공간으로 쓰이고 있다. 향교는 각 지방의 중심지에 세워져, 당시

동백정 동백꽃, 2023

에는 도시의 중심지 역할을 했다. 그런데 요즘은 향교를 찾아가면 외곽지역에 동그마니 홀로 남아 있다. 지방향교가 어제의 것이 아닌, 21세기의 새로운 배움의 공간으로 바뀌어 지역문화를 살리는 인문학당이 되면 좋겠다는 생각을 하며 내려오는데 그때까지도 비인댁은 밭에 앉아 냉이를 캐고 있었다.

향교에서 내려와 동백정 가는 버스를 기다리는데, 장을 마치고 집으로 돌아가는 서 씨 아짐을 만났다. 오후가 되면 사람이 없어 파장이나 마찬가지라며 노인용 유모차에 보따리 끈을 묶는다.

삼십여 분 걸려 비인 끝자락에 자리한 동백정에 도착했다. 동백나무숲에 동백꽃이 피면 서해는 비로소 봄이 시작된다. 동백정으로 향하는 나무계단을 오르다 보면 오백 년 된 동백나무 백여 그루가 피어올린 빨간 선홍빛 꽃을 볼 수 있다. 동백꽃은 꽃잎 하나하나 떨어지는 모습마저 아름답다. 동백정 정자에 오르면 눈앞으로 섬이 펼쳐진다. 옛날 장수가 바다를 건너다 신발 한 짝을 빠뜨린 게 섬이 되었다는 전설이 남아 있다.

장항의 상징적 기억, 제련소 굴뚝
-서천 장항장

비 오는 날이면 느리게 가는 기차를 타고 싶다. 그리고 차창으로 흘러내리는 빗방울을 하나하나 세고 싶다. 멀리 보이는 나무가 아는체하면 암녹색으로 짙어가는 잎에 입맞춤을 하고 싶다. 나락 익는 냄새를 맡기 위해 끙끙거리며 코를 납작하게 들이민다. 옆자리 남정네가 마스크 안에 얼굴을 감춘 채 나를 엿본다. 난 가방에 넣어간 시집을 보는 척, 옆자리 남정네를 훔쳐본다. 그는 왜 기차를 탔을까. 사랑하는 사람을 만나러 가는 길일까. 고향에 있는 친구를 만나러 갈까. 아니면 나처럼 순전히 비가 좋아서 무작정 기차를 탔을까. 덜컹거리는 기차에 몸을 싣고 어디를 향해 가고 있는지 몹시 궁금해진다. 난 기차표를

장항역, 2022

서천 장항장, 2022

서천 장항장에 가려면

장항선 기차를 타고 장항역(용산-장항 3시간 18분 소요)까지 간다. 장항역 앞 버스정류장에서 장항으로 가는 버스 2-2번 이용. 15분여 가면 장항전통시장.(서천으로 가는 버스와 장항 가는 버스가 있기 때문에 기사분에게 꼭 물어보고 타야 함.) 장항장에서 옛 장항역 철도 옆길로 접어들어 골목을 걷다 보면 다방 거리, 맛나로 거리, 장항도시탐험역, 옛 미곡창고를 개조한 문화예술창작공간 등 주변 건물의 변화까지 볼 수 있다. 장항도시탐험역 2층에 오르면 바위산에 우뚝 선 장항제련소 굴뚝이 보인다. 장항장에서 서천 송림 갯벌체험장은 택시로 7분 소요, 걸으면 30여 분 소요된다.

예매할 때 늘 창가를 고집한다. 특히 비 오는 날, 창가에 앉아 바깥 풍경을 바라보는 시간은 더없이 행복하다. 빗방울이 한 방울씩 흘러내리는 유리창에 코를 들이밀고, 눈을 밀착시키고, 귀를 바짝 세워 밖에서 들려오는 소리, 냄새, 색을 보고 느끼기 위해 온 정성을 들인다.

서천 장항장, 2022

비 오는 날 장터는 한산하기 짝이 없다. 집에서부터 다섯 시간을 달려왔건만 눈에 보이는 장항장 풍경은 드문드문 우산 밑에서 고구마순을 다듬고, 노란 비옷을 입고 마늘을 까고 있는 할매, 파란 비닐봉투를 어깨에 걸치고 있는 할매 등, 마스크에 얼굴을 감춘 채 초록 세상을 펼쳐놓았다. 장항장은 외곽에 자리잡고 있어 승용차 아니면 자전거를 이용해 장을 본다. 자전거를 끌고나온 서 씨(71세) 아짐이 호박잎을 사려고 두리번거린다. 단골집이 편하다는 서 씨 아짐이 호박잎을 사서 자전거 바구니에 넣자 덤을 더 주려고 불러세운다. "상추 몇 장 줄텐게 갖고 가유. 장에 나옴서 뜯은 거유." 서 씨 아짐은 못 이기는 척 상추 봉다리를 자전거에 싣고 총총히 사라진다.

장항장은 처음에 지금의 장항중학교 옆에서 열렸다. 장항항에 드나드는 어선으로 어부들의 단골 장터로 해산물이 많았다. 장항항은 소형 선박이 들어오는 부두로 물양장으로 불렸다. 물양장에서 꼴뚜기와 갑오징어가 많이 잡히기 때문에 오월 중순쯤, 장항항에서 수산물 '꼴갑축제'가 열린다. 장항장은 장항 외곽에 돔처럼 현대화 시설을 갖춘 상설시장이다. 농산물타운, 먹거리타운, 수산물타운 등, 품목별로 들어가는 입구가 다르다. 오일장이 열리는 3일, 8일, 13일, 18일, 23일, 28일이면 장옥 주변과 길가에 난전이 흐드러지게 펼쳐진다.

서천에 가면 꼭 먹어야 하는 다섯 가지가 있다. 해초의 여왕 김, 집 나간 며느리를 반드

서천 장항장, 2013

버스를 기다리는 할머니. 서천 장항장, 2022

시 돌아오게 한다는 가을 전어, 철천지원수에게도 문전박대를 모면한다는 박대, 임금님 밥상에 오른 자하젓, 그리고 백제말에 나라를 잃은 유민들이 한을 달래기 위해 빚은 천오백 년 역사를 자랑하는 한산소곡주는 서천이 선사하는 자연의 맛과 풍미를 안겨준다.

한 장꾼이 장항장 야외무대 위 넓은 자리에 씨앗 봉지를 늘어놓고 뻥튀기를 봉지째 들고 먹고 있다. 심심풀이 땅콩처럼 시간을 흘러가게 하는 이만한 먹거리가 어디 있는가. 몇 개 되지 않는 씨앗 봉지가 이름을 달고 주인 앞에 얌전하게 앉아 있다. 여성들이 얼굴에 붙이는 팩처럼 보여 가까이 다가가서 무, 배추, 오이, 당근, 상추 등 이름을 입에 올리자 어렸을 적, 집 옆에 있던 산밭이 가까이 걸어온다.

장터를 벗어나 옛 장항역 철길을 찾아 걸었다. 호떡을 굽던 조동길(65세) 씨가 알려준 길을 더듬어 발걸음을 옮기는데 양쪽으로 다방이 즐비하다. 호떡장수 조 씨가 했던 말이 떠오른다. "장항역으로 걸어가다 보믄유 다방이 스물한 개나 있어유. 외국에서 온 선원들이 들어간다고 허드만유. 옛날에는 장항항 주변에 색싯집과 여인숙이 많았쥬. 군산까지 배 댕길 때는 장항역에 사람이 넘쳤시유. 서울 가는 사람들이 장항으로 몰렸시유. 시대가 많이 변했어유. 요즘 친구들 만나면 옛날얘기만 해유. 배곯고 힘든 시절이었지만 그때가 사람 사는 세상인 것을 나이 든 게 알겠더만유."

장항은 장항선을 대표하는 지역으로 일제강점기 때 장항선, 장항항, 장항제련소를 만들어 근대적 철도, 항구, 공장이 집중되어 근대산업 유산이 집약된 곳으로, 장항선 철도가 통과하는 지역을 따라 상권이 형성되었다. 장항선은 현재 용산에서 출발하지만 천안에서 노선을 바꿔 익산까지 연결하는 노선이다. 원래는 천안역에서 옛 장항역까지 운행하다가 군산과 익산역까지 2008년 통합되었다. 5년 후, 전 구간 복선전철화가 완료되면 느림의 상징이었던 장항선은 250킬로미터의 속도로 운행될 예정이다. 장항선 시발점은 천안역으로 지난해 천안에서 '장항선 개통 100주년' 기념행사가 개최했다.

장항은 일제강점기 충청도와 경기도의 쌀 반출과 자원수탈 목적으로 갯벌인 갈대숲을 메워 조성된 식민지 산업도시로 출발했다. 또한 근대화의 상징으로 격자형 도로를 만들어 전기와 수도, 전화까지 갖춘 도시로 발전했다. 1920년 간척을 시작으로 장항선이 부설되고, 국내 최초 장항항을 만들더니, 급기야 장항제련소까지 만들어 장항은 황금의 도시로 탈바꿈했다. 장항제련소 굴뚝은 한국 산업을 대표하는 상징물이 되어 초등학교 교과

장항역, 2022

서에도 실리는 등 동양 최대의 굴뚝 높이를 자랑했다.

장에서 만난 박 씨(84세) 할배는 제련소 굴뚝에서 뿜어나오는 연기와 굴뚝을 그리기 위해 제련소 앞까지 갔다며 당시 이야기를 실감나게 했다. 박 씨 할배 이야기 속에서 생생하게 기억하는 것은 시간이 아니라 공간이다. 장항제련소는 한 개인의 기억을 넘어 장항 사람 모두의 기억이다. 박 씨 할배는 "굴뚝서 허연 연기가 올라가는 것을 보면서 컸지유. 소풍도 그리 가고, 그림도 그리러 가고, 칠팔십 년에 서울 가면 어디 사느냐 물어유. 그래서 장항 산다고 허면 사람덜이 부러워했시유. 금도 나오고, 은도 나오고, 동도 나오고, 쇠도 나오는 데서 사니께유. 그때는 먹고살기 바쁜 게 공기가 나쁜지, 좋은지 따지질 못했지유. 제련소 다닌다 허면 딸도 줬당께유. 금공장 다니니께 부잔줄 알쥬. 그땐 금이 귀했시유." 호떡을 구워 파는 조 씨 트럭 옆에 서 있던 어르신들이 한마디씩 했다.

장항은 현재 옆 동네 군산처럼 되기 위해 다양한 변신을 꾀하고 있다. 옛 장항역을 '장항도시탐험역'으로 탈바꿈시키고, 뱃사람들에게 먹거리를 제공한 식당들을 모아 6080 음식 골목 '맛나로'를 조성했다. 일제강점기 미곡창고는 '문화예술창작공간'으로 거듭나 전시, 공연 등 다양한 행사가 열리고 있다. 도시탐험역 전망대에 오르면 바위산에 우뚝 선 제련소 굴뚝이 보이고, 장항선 철길을 따라 형성된 도시의 모습을 한눈에 볼 수 있다. 그러나 이런 장항도 장날이 아니면 유령도시처럼 사람이 없다. 꾸물꾸물 유모차를 미는 노인들이 옛 장항역 산책길을 느리게 걸을 뿐이다. 우리나라 소도시 미래가 불안하다. 가까운 이웃, 일본처럼 우리나라 소도시도 변하고 있다. 각 정보매체의 뉴스가 현실처럼 느껴지는 것은 시골에 가보면 실감이 난다.

맛나로 골목을 가다 보면 소규모 '예소아카이브'라는 아담한 공간이 있다. 여기엔 우리의 예스럽고, 소박한 생활문화와 관련된 기록을 아카이브한다. 우리는 평범한 일상생활의 소중함을 잊고 산다. 잘 알려진 것만이 문화가 아니다. 사소하고 작은 것도 우리 문화의 흔적이고, 개인의 미시적인 기억도 역사다. 어느 지역을 방문해도 그 지역만의 생활문화를 공유하면 우리 민속문화의 소중함이 알려진다. 마을공동체의 의례와 놀이, 그들이 하는 생업, 일반가정의 생활과 식사, 사라져가는 것을 기록해 놓으면 지역문화가 다양해진다. 역사의 모든 근본은 우리 민족의 삶에서 나온다.

예소아카이브에서 70년대 연애편지 전시를 보고, 정다방을 지나고, 음식 골목 '맛나로'

장항제련소 굴뚝, 2023

를 지나 양쪽에 펼쳐져 있는 많은 이름을 입에 올리며 장터로 들어갔다.

길가 난전에서 50년째 장사하는 김석근(76세) 씨가 밀짚모자를 쓰고 대파를 다듬고 있다. 김 씨는 월남전 맹호부대 참전용사로 전장에서 죽지 않고 살아서 돌아왔다며 자랑한다. 물건을 팔면서 덤을 많이 줘 걱정스럽게 물었더니 "내 농사 내가 지니께 좋찮아유. 공짜로 주니께유. 내 종교가 뭔 줄 알아유. 내 맘이 종교유. 근께 주는 것도 감사하고, 내 물건 사주는 사람도 감사하쥬. 우리 안식구가 첨엔 잔소리허드만 지금은 냅둬유." 김 씨는 퉁방울 눈을 가늘게 뜨며 웃는다. 아재 장사비결은 덤이 아니라 마음을 더해주는 정이다. 호박을 사면 풋고추가 덤으로 따라가고, 표고버섯을 사면 대파 한 줌이 덤으로 따라간다. 단골이 많을 수밖에 없다.

장에 가면 늘 듣는 이야기가 장터 할매들 돌아가면 장도 함께 사라진다며 걱정하는 소리다. "농민이 가난하면 나라 전체가 가난하다"는 폴란드 속담처럼 농민이 잘사는 나라가 돼야 한다. 땅 힘으로 살아가는 사람들이 많아져야 건강한 먹거리도 생산된다. 장항장도 10년 전 장터와 비교하면 반토막이다. 장터의 주인은 농민이다. 정과 인심으로 가득 채우는 장터, 나아가 농민의 문화로 꽃을 피우는 장터를 보고 싶다.